はじめに

　「ちょっと差がつくうまい解法」なんて，妙ちくりんなタイトルの本をよく手に取りましたね．あなたはお目が高い．
　「ちょっと差がつく」というタイトルですが，もちろん謙遜です．
　ほんとうのことを言うと，ここに書かれている解法は，
　「断然差がつく，ちょっとうまい解法」なんです．

　うまい解法と下手な解法の差は，「ちょっと」した差です．
　その差で，結果には大きな差が出てくるのです．
　「うまい解法」とは，実は「本質的な解法」です．
　「うまい解法」を，何か特別なテクニックのように思われては困ります．
　本質は，つねに簡潔です．
　モノが複雑に見えているときは，まだ本質を掴んでいないときです．
　違う角度から見たとき，モノの正体がはっきりとわかるときがあります．
　この本は，その角度からの見方を示している本なのです．
　この本では，問題の本質を見通す解法を与えていきます．
　「うまい解法」は，問題の本質を突いているから，見通しよく，速く解けるのです．

　この本の内容を身につけた人は，問題が速く楽に解けるようになることでしょう．でもそれは，テクニックを身につけたからではなく，問題の本質を掴むことができるようになったからなのです．
　さあ，この本を学習して，一段高いステージに上がってみましょう．

※　本書は，雑誌「大学への数学」に08年から10年まで連載した「テイクオフ講義」を一部抜粋し加筆修正したものに，練習問題を加えてまとめ直したものです．

本書の構成と利用法

この本の目次をご覧になりましたか．目次のタイトルから内容がおぼろげに分かるものもあれば，全く未知のものもあったことでしょう．トピックスが散発的に並べてあるような印象を受けたかも知れませんが，まずは初めから順に読んでください．

この本は講義（p.4～115 の 11 章）を中心とした本ですから，講義本文のところをしっかりと読み込んでいただきたい．漆器を塗るとき初めに全体を薄塗りするように講義のところだけを全体を通してザァっと 1 周するのもよいでしょう．

講義といっても，問題を解いていく過程で手法を紹介していく講義のスタイルをとっています．1 章につき数題の問題を解説し，章末には練習問題があります．練習問題の解答は p.117 以降にまとめてあります．

講義中の問題には，既に皆さんが解けるタイプの問題もあるでしょうし，歯が立たない問題もあることでしょう．

解ける問題の場合．だからといって講義部分を飛ばしてしまうのはいただけません．この本のタイトルにあるように「ちょっと差がつくうまい解法」が講義には書かれているはずですから，自分のとった解法がその「うまい解法」なのかをチェックして欲しいと思います．問題を解くことはできているかもしれませんが，あなたの解法が「うまい解法」であるとは限りません．「うまい解法」をすでに身につけているという人は，ぜひ練習問題にチャレンジしてください．スラスラと問題が解ければ，あなたはこの手法に関して自信を持ってよいでしょう．

歯が立たない場合．時間をかけて考える必要はありません．すぐに講義を読んでかまいません．講義の内容を理解して，手法が使えるようになればよいのです．

講義の部分を読んだだけでは，同類の問題が試験で出されたときにうまく解けるとは限りません．聞いて知っているのと，体験して知っているのとでは大違い．章は，講義と練習問題からなっています．講義の内容を踏まえた上で，練習問題を実際に解いてみましょう．練習問題の難易度は，講義で扱った問題とほぼ同じです．講義の内容がどれほど理解できているかを知る 1 つの目安になるでしょう．練習問題が解けない場合は，もう一度講義の内容を読んで手法の理解に努めてください．講義問題を解説に沿って解いていくのもよい学習になります．練習問題が付いているところが，この本のウリの 1 つなのですから，ぜひとも大いに活用して頂きたいものです．

書いていることが難しく途中で学習を頓挫してしまうこともあるかもしれません．難しいなあと思われるような書き方しかできなかったことは，全くのところぼくの不徳の致すところです．そんなときでも，どうか残りの章を読むことを投げてしまわないで頂きたい．残りの章の中には，まだ十分に読みこなせるところがあるはずです．食い散らかし，大いに結構．この本は全部読まなきゃ実力がつかないという本ではありません．分かるところだけ読んでもらってかまいません．

途中から読みたい人のために，この本のマップを用意しました．例えば，「6→7」は 7 章に取り掛かるためには，→の手前にある 6 章を読んでからの方がよいということを表しています．

$$
\begin{array}{c}
1,\ 3 \\
\searrow \\
2 \to 5 \to 6 \to 7 \\
4,\ 8,\ 9,\ 10,\ 11
\end{array}
$$

大学への数学

ちょっと差がつく
うまい解法

目次

はじめに……………………………… 1
本書の構成と利用法………………… 2

1　目で解く方程式………………… 4
2　$m(a)$, $M(a)$ のグラフ………… 14
3　座標平面上に実現する………… 25
4　曲線の束………………………… 34
5　逆手流…………………………… 42
6　線形計画法……………………… 52
7　通過領域………………………… 58
8　余事象・和事象の確率………… 68
9　合同式…………………………… 81
10　3次関数の見方………………… 94
11　グラフの組み換え…………… 106

練習問題の解答…………………… 117

補足コーナー
　多項式で表された関数の微積分… 146
あとがき…………………………… 148

1 目で解く方程式

① $f(x)=0$ を $y=f(x)$ で考える

　この章は，方程式の問題をグラフを用いて解くことがテーマです．もう少しくわしく言うと，方程式の問題の中でも，解が定められた範囲の中に含まれる条件を求める問題，いわゆる「解の配置」の問題を解いていきます．まずは，1次方程式の問題から解いてみましょう．

例題1

　$a \neq 0$ のとき，x の方程式
$$ax+a^2-6=0 \quad \cdots\cdots\cdots ①$$
の解が $1<x<5$ の範囲にあるための実数 a の条件を求めよ．

　方程式の実数解を視覚化するには，
　　方程式 $f(x)=0$ に対して，グラフ $y=f(x)$
を考えるのが基本です．方程式の実数解は，グラフと x 軸の交点の x 座標に一致します．
　解が $1<x<5$ の範囲にあるということは（$a \neq 0$ に注意すると），直線 $y=ax+a^2-6$ のグラフが，次のどちらかになっています．

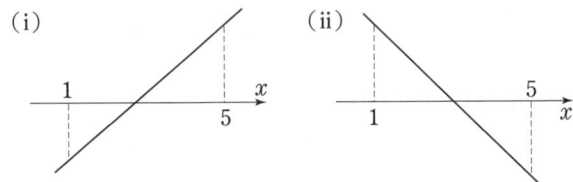

　$f(x)=ax+a^2-6$ とおきます．
　　(ⅰ)のようなグラフになるのは，$f(1)<0$, $f(5)>0$ $\cdots\cdots\cdots ②$
　　(ⅱ)のようなグラフになるのは，$f(1)>0$, $f(5)<0$ $\cdots\cdots\cdots ③$
です．②または③のとき，①の解が $1<x<5$ の範囲にあります．②，③を

まとめて,
$$\text{②または③} \iff f(1)f(5)<0 \quad \cdots\cdots\cdots\cdots④$$
と1つの不等式で書くことができます.
$$f(1)=a+a^2-6=(a+3)(a-2)$$
$$f(5)=5a+a^2-6=(a+6)(a-1)$$
を用いると，④は,
$$(a+3)(a-2)(a+6)(a-1)<0 \quad \cdots\cdots⑤$$
となります.

　これを解くには，$y=(a+6)(a+3)(a-1)(a-2)$ のグラフを考えます.
　a 切片の値は $-6, -3, 1, 2$ です.
a が十分に大きいとき，$a+6, a+3, a-1, a-2$ がすべて正になりますから，y の値も正です. $1<a<2$ のときは，$a+6, a+3, a-1$ が正，$a-2$ が負になりますから，y の値は負です. 同様にして，$-3<a<1$ のときは正です. 切片の値を1つ飛び越すごとに y の正負が入れ替わるわけです. グラフは右のようになります. これから，⑤の不等式の解は，

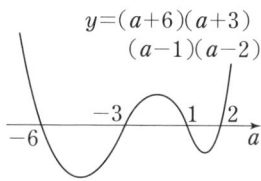

$$-6<a<-3, \quad 1<a<2$$

なお，$(a-1)^2$ などの平方の形が式にあるときは，$a=1$ の前後でも符号は変わりません.

② 連立方程式にする

　例題1では，方程式 $f(x)=0$ に対して，グラフ $y=f(x)$ を考えました. 例題2では少々工夫が必要です.

例題2

　方程式 $|x^2-x-2|-x-k=0 \quad \cdots\cdots\cdots\cdots①$
の実数解の個数を実数 k の値によって場合分けして答えよ.

---

　①の実数解は，連立方程式
$$y=|x^2-x-2| \quad \cdots\cdots\cdots\cdots②$$
$$y=x+k \quad \cdots\cdots\cdots\cdots③$$
の x の実数解に等しくなります.

さらに、この連立方程式の実数解は、②、③のグラフの共有点のx座標に等しくなります。

ですから、①の実数解の個数を知るには、kの値によって、②、③のグラフの共有点の個数が何個になるかを調べればよいのです。

初めに、$y=|x^2-x-2|$ のグラフを描いておきましょう。絶対値記号が付いていますから、これを外します。絶対値記号の中身が正となるのは、

$x^2-x-2 \geqq 0$ 　　　　　　∴ 　$(x-2)(x+1) \geqq 0$

∴ 　$x \leqq -1,\ 2 \leqq x$

ですから、②は、

$x \leqq -1$ のとき、$y=|x^2-x-2|=x^2-x-2$

$-1 \leqq x \leqq 2$ のとき、$y=|x^2-x-2|=-(x^2-x-2)$

$2 \leqq x$ のとき、$y=|x^2-x-2|=x^2-x-2$

と絶対値記号が外れます。

これをもとに、②のグラフを描くと、図1のようになります。

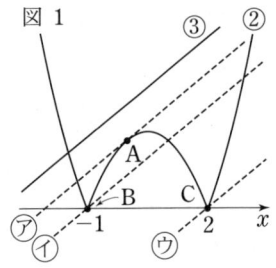

一般に、$y=|f(x)|$ のグラフは、$y=f(x)$ のグラフのx軸より下にある部分をx軸に関して折り返したグラフになります。確かに図1は、$y=x^2-x-2$ のグラフのx軸より下にある部分を折り返したグラフになっています。この事実を用いれば、場合分けしなくとも図1のグラフをスラスラと描くことができるでしょう。

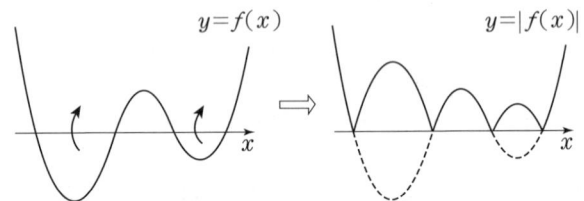

②と③のグラフの共有点を考えます。③のグラフは、傾き1、y切片kの直線で、kの値によって位置が変わります。図1を見ると、③の直線が⑦、④、⑨の位置にあるときを境にして共有点の個数が変わることが観察できるでしょう。

Aは、③と$y=-(x^2-x-2)$が接するときの接点です。②と③が接するときのkの値を求めておきましょう。

6

$-(x^2-x-2)=x+k$ ∴ $x^2+k-2=0$
（判別式）＝0として，
$0^2-4(k-2)=0$ ∴ $k=2$
このとき，$x^2+2-2=0$ より，$x^2=0$ ∴ $x=0$
-1と2の間で重解を持ちますから，$k=2$のとき②と③は接します．
③が㋐の位置にあるときのkは2です．
③がB$(-1, 0)$を通るときのkは，
$0=-1+k$ ∴ $k=1$
③が㋑の位置にあるときのkは1です．
③がC$(2, 0)$を通るときのkは，
$0=2+k$ ∴ $k=-2$
③が㋒の位置にあるときのkは-2です．
したがって，答は以下のようになります．

$k<-2$のとき，0個，　$k=-2$のとき，1個
$-2<k<1$のとき，　2個，　$k=1$のとき，　3個
$1<k<2$のとき，　4個，　$k=2$のとき，　3個
$2<k$のとき，　　2個

この解法で，③の直線と②の$x>2$の部分が接点を持たないか心配になった人がいるかもしれません．その慎重さは，他の問題のときに生かされることでしょう．

結論的にいうと，この問題では接点はありません．対称性から考えて，③と$y=x^2-x-2$は，$-1<x<2$で接します（右図）．

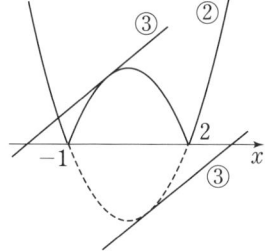

もしもこのような懸念を払拭したいのであれば，初めから，連立方程式を
$y=|x^2-x-2|-x$ ……………④
$y=k$ ………………………………⑤
と，kを完全に分離してしまうのがよいでしょう．

⑤のグラフはx軸に平行な直線なので，接するところは極値を取る点です．$x>2$では接点を持ちません．

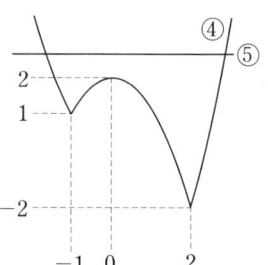

例題3

p, q, r を，$p<q<r$ を満たす実数とする．これについて，2次方程式
$$(x-p)(x-r)+(x-q)^2=0 \cdots\cdots①$$
を考える．
（1） ①は相異なる実数解を持つことを示せ．
（2） ①の実数解を小さいほうから α, β とする．α, β, p, q, r を小さいほうから並べよ．

意味ありげな式ですね．展開しない形で与えられているということは，この形を生かして式の意味を読み取るように，という出題者のメッセージなのでしょう．

①の実数解が，連立方程式
$$y=(x-p)(x-r) \cdots\cdots②$$
$$y=-(x-q)^2 \cdots\cdots③$$
を満たす x に一致することを用いましょう．

p, q, r の大小に注意して②，③のグラフを描くと右のようになります．

②，③の連立方程式が2組の実数解を持つこと，つまり②，③の交点が2個存在することはグラフから明らかです．その交点の x 座標が α, β ですから，
$$p<\alpha<q<\beta<r$$
と並ぶこともすぐに分かります．

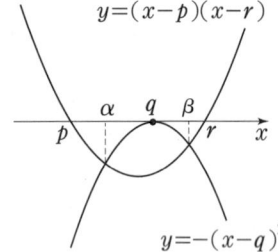

「グラフから明らか」ばかりでは心配だという人もいるでしょう．式でも確認しておきましょう．

①の左辺を $f(x)$ とおきます．
$$p<\alpha<q<\beta<r$$
が成り立つということは，$y=f(x)$ のグラフが右図のようになっているのでしょう．

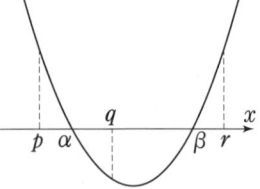

$f(x)=0$ が，p と q の間でひとつ（α），q と r の間でひとつ（β），解に持つことを示すには，
$$f(p)>0, \ f(q)<0, \ f(r)>0 \cdots\cdots④$$
を示せばよいでしょう．$f(x)=0$ の解は，2個以下なので，④を満たせばす

べての解の配置がわかります．
④の不等式が成り立つことは，
$$f(p)=(p-q)^2>0$$
$$f(q)=(q-p)(q-r)<0 \text{［なぜなら，} p<q<r \text{より，} q-p>0,\ q-r<0 \text{］}$$
$$f(r)=(r-q)^2>0$$
とすぐに確かめられます．これで（1）も（2）もいっぺんに示すことができました．

　もしもグラフを用いないで（1）を解こうとすれば，①の左辺を展開して判別式の正負を調べるところです．まあ，これはなんとかなります．しかし，（2）は α, β, p, q, r の大小が分からないことには，もうお手上げです．p, q, r に具体的な数値を代入してあたりをつけるという方法もありますが，上のようなすっきりした解答を思いつくでしょうか．式での解答の筋書きを組み立てることができたのも，グラフを用いて方程式の実数解を視覚化して，その本質を見破っていたからこそです．

　次は，2次方程式についての典型的な「解の配置」の問題を解いてみましょう．今度はどのような連立方程式にしますか．

例題4

　x の2次方程式
$$x^2-(a+2)x-a+2=0 \quad \cdots\cdots\cdots ①$$
が実数解を持ち，少なくとも1つの解が $0<x<3$ の範囲にあるための実数 a の条件を求めよ．

　2次方程式の解の配置の問題は，$y=$（①の左辺）のグラフを考える解法や，解と係数の関係を用いる解法もありますが，ここでは2つのグラフにして解きましょう．
　①を変形して，左辺に a が入っていない項を，右辺に a が入っている項を集めます．
$$x^2-2x+2=a(x+1) \quad \cdots\cdots\cdots ②$$
これから，次の2つの式を作ります．
$$y=x^2-2x+2 \quad \cdots\cdots\cdots ③$$
$$y=a(x+1) \quad \cdots\cdots\cdots ④$$
作り方から，2次方程式①の x の解と連立方程式③，④の x の解は等しく

なります．ですから，①の方程式の実数解を調べるには，③と④のグラフの共有点を調べればよいわけです．

③は頂点が (1, 1) の放物線です．a が入っていないので動きません．一方，④は，$(-1, 0)$ を通る傾き a の直線です．a が動くにつれて，この直線も動きます．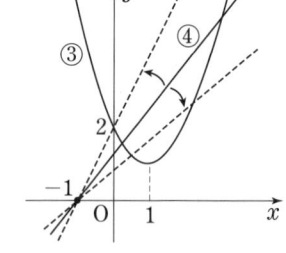

片方のグラフは固定され，もう一方のグラフだけが動くように，②で a を式の一方に集めて式変形しておいたのです．もしも式の両方に a が残るようだと，両方のグラフが動いてうまくありません．

「少なくとも 1 つの実数解が $0<x<3$ の範囲にある」ということは，

「③，④のグラフが $0<x<3$ で共有点を持つ」ということです．

③のグラフで $0<x<3$ の部分（右下図の太線部）と④が交わるような a の範囲を求めましょう．

それはグラフの網目部に直線があるときです．

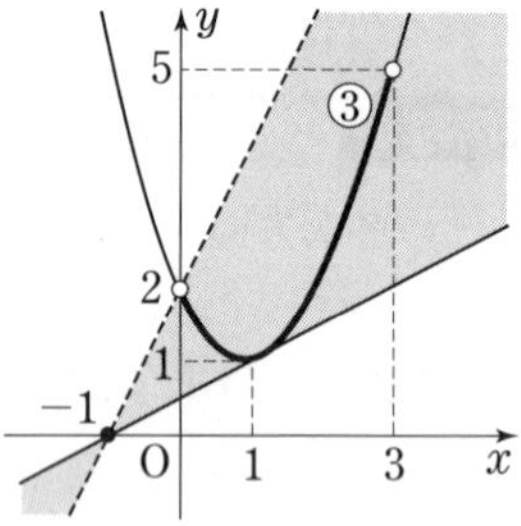

グラフより，a が最小となるのは③と④が接するときです．a が最大となるときを求めるには④が $(0, 2)$ を通るときを考えます．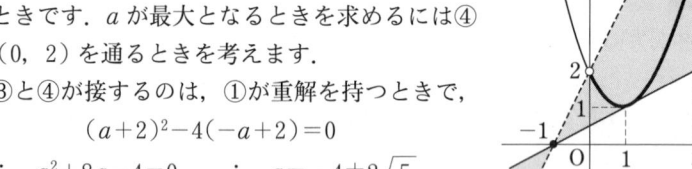

③と④が接するのは，①が重解を持つときで，
$$(a+2)^2 - 4(-a+2) = 0$$
$\therefore\ a^2 + 8a - 4 = 0$　　$\therefore\ a = -4 \pm 2\sqrt{5}$

グラフより，$a>0$ なので，$a = -4 + 2\sqrt{5}$

④が $(0, 2)$ を通るときは，$2 = a(0+1)$　　$\therefore\ a = 2$

したがって，求める a の条件は，
$$-4 + 2\sqrt{5} \leq a < 2$$

上の解法では，多項式で表される関数の範囲で連立方程式にしましたが，数Ⅲの微積分を知っている人であれば，a を完全に分離して，
$$y = \frac{x^2 - 2x + 2}{x + 1},\ y = a$$
という連立方程式で考えることもできます．

実際に，この解法でも解いてみましょう．数Ⅲを学習していない人は飛ばして構いません．

$y = \dfrac{x^2 - 2x + 2}{x + 1}$ ……⑤ を微分すると，

$y' = \dfrac{(2x-2)(x+1) - (x^2 - 2x + 2) \cdot 1}{(x+1)^2} = \dfrac{x^2 + 2x - 4}{(x+1)^2}$

$y' = 0$ となる x の値は，$x = -1 \pm \sqrt{5}$
このとき，⑤の値は，

$y = \dfrac{(-1 \pm \sqrt{5})^2 - 2(-1 \pm \sqrt{5}) + 2}{-1 \pm \sqrt{5} + 1}$

$= \dfrac{10 \mp 4\sqrt{5}}{\pm \sqrt{5}} = -4 \pm 2\sqrt{5}$ （複号同順）

これらのことから，⑤のグラフの概形は右図のようになります．⑤のグラフで $0 < x < 3$ の部分（右図太線部）と直線 $y = a$ が交わるような a の範囲から，答えが，$-4 + 2\sqrt{5} \leq a < 2$ と分かります．

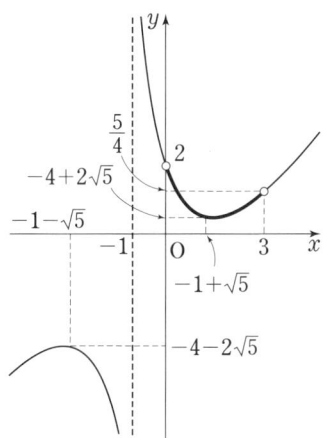

③ 整数に絞る

次の問題は，素で出されたら難しい問題です．でもどうでしょう．例題4とよく見比べてください．例題5の式の左辺は，例題4の左辺の x を n に置き換えた式になっていますよ．

例題5

a を正の実数とする．
$$n^2 - (a+2)n - a + 2 < 0 \quad \cdots\cdots ①$$
を満たす整数 n がちょうど2つ存在するような a の条件を求めよ．

①の n を x に置き換えた式は，
$$x^2 - (a+2)x - a + 2 < 0 \quad \cdots\cdots ②$$
となります．これは x の2次不等式です．問題の条件は，2次不等式②の解の範囲に整数がちょうど2個含まれるという条件です．②を，
$$x^2 - 2x + 2 < a(x+1) \quad \cdots\cdots ③$$

目で解く方程式　11

と書き直します．

例題4のように2つの式のグラフ

$$y = x^2 - 2x + 2 \quad \cdots\cdots\cdots\cdots\cdots\cdots ④$$
$$y = a(x+1) \quad \cdots\cdots\cdots\cdots\cdots\cdots ⑤$$

を考えます．

すると，③を満たす x の範囲は，④のグラフの方が⑤のグラフよりも下にある部分の範囲です．

右図で言えば，太線部になります．

この図の場合，範囲の中にある整数は1のひとつだけです．

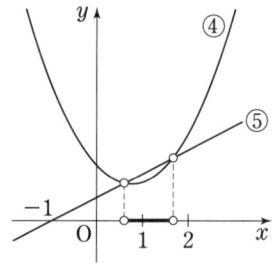

ここで，ちょっとした発想の転換をします．

不等式の解の範囲を求めたあと，そこに含まれる整数を考えるのではなく，初めから整数の方に注目して考えるのです．

④のグラフは固定されていますから，$x =$ 整数 に対応する点も決まっています．

$x = 0, 1, 2, 3, 4, \cdots$

に対応する点は，

(0, 2), (1, 1), (2, 2),
(3, 5), (4, 10), ……

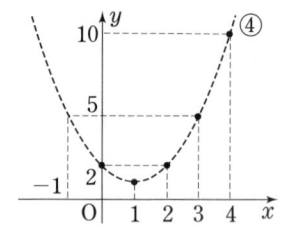

$\cdots\cdots\cdots\cdots\cdots$ ⑥

です（右図の黒点）．

これらの点のうち，⑤より下にあるものについては，その点に対応する整数が①を満たします．

①を満たす整数 n がちょうど2つ存在するための条件は，⑥の点のうちで⑤より下にあるような点がちょうど2個となる条件です．

それは，右図のグラフで網目部に⑤の直線があるときです．（$a > 0$ に注意）

⑤が (2, 2) を通るときの傾きは，

$$2 = a(2+1) \qquad \therefore\ a = \frac{2}{3}$$

⑤が (3, 5) を通るときの傾きは，

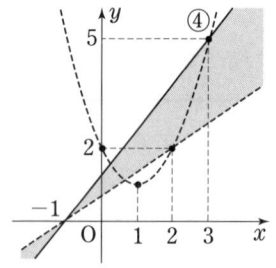

12

$$5 = a(3+1) \qquad \therefore \quad a = \frac{5}{4}$$

です．これから求める a の条件は，

$$\frac{2}{3} < a \leq \frac{5}{4}$$

このくらいの問題であれば，見た目で答えの範囲が分かりますが，スケールが大きくなったり，⑥の点の分布が微妙になったりした場合には，各整数に対応する点を通るときの傾きを書き並べてしまうのが確実でしょう．

⑤が

$(0, 2), (1, 1), (2, 2), (3, 5), (4, 10), \cdots$

を通るときの a の値を，それぞれ

$$2, \ \frac{1}{2}, \ \frac{2}{3}, \ \frac{5}{4}, \ 2, \ \cdots$$

と計算しておきます．これを小さい順に並べると，

$$\frac{1}{2}, \ \frac{2}{3}, \ \frac{5}{4}, \ 2, \ \cdots$$

⑤より下にある点がちょうど 2 個になるためには，a は，2 番目より大きく 3 番目以下であれば O.K. です．

練習問題 ▶解答は p.118

1. 2 次方程式
$$(-2a+15)x^2 - (4a-18)x + 3a^2 - 6a - 24 = 0$$
が，-2 より大きく 0 より小さい解と，0 より大きく 1 より小さい解の 2 つの解をもつような実数 a の値の範囲を求めよ． (北里大・獣医，海洋)

2. a を実数とする．2 次方程式 $3x^2 - ax + 1 = 0$ が異なる 2 つの実数解をもつような a の値の範囲は $a < \boxed{}$, $\boxed{} < a$ である．$3x^2 - ax + 1 = 0$ が異なる 2 つの実数解をもつとき，そのうちの 1 つの実数解だけが $\frac{1}{2} < x < 1$ の範囲にあるような a の値の範囲は $\boxed{} \leq a < \boxed{}$ であり，実数解が 2 つとも $\frac{1}{2} < x$ の範囲にあるような a の値の範囲は $\boxed{} < a < \boxed{}$ である． (類 関西学院大・経，国際)

目で解く方程式

2 $m(a)$, $M(a)$ のグラフ

① 2次関数の $m(a)$, $M(a)$

この章は，関数に関する次のような問題を解いていきます．

例題1

a を実数とする．定義域が $a \leqq x \leqq a+4$ である関数 $f(x) = -x^2 - 4x - 6$ の最大値は a の関数であるので，これを $M(a)$ と表す．同じく，最小値を $m(a)$ と表す．$M(a)$ および $m(a)$ を求め，それぞれのグラフ $b = M(a)$，$b = m(a)$ を描きなさい．

(名古屋学院大)

$$y = -x^2 - 4x - 6 = -(x+2)^2 - 2$$

より，放物線の頂点は $(-2, -2)$，軸は $x = -2$ です．

初めに，a を具体的にして調子をつかんでみましょう．

$a = -3$ としてみます．

すると定義域は，

$$-3 \leqq x \leqq -3 + 4 = 1$$

となります．

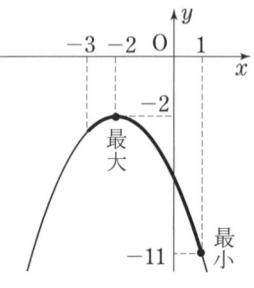

この定義域のもとで，最小値は定義域の端の値 $x = 1$ での $f(1) = -11$．

最大値は頂点の y 座標の値 $f(-2) = -2$ となります．

問題では，a がいろいろな実数値をとるわけです．上の例では，定義域の端で最小値を，頂点で最大値を取りましたが，a の値によってどこで最小値や最大値をとるかが違ってきます．

まずは，最小値 $m(a)$ の場合を見てみましょう．

着目すべきは，定義域の真ん中 $a+2$ に放物線の軸が重なるとき，つまり
$$a+2=-2 \quad \therefore \quad a=-4$$
となるときです．

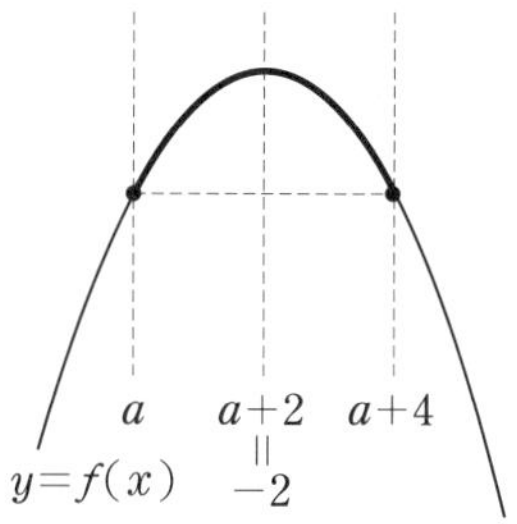

このとき最小値は定義域の両端 $x=-4$ と $x=0$ のときになります．

a が -4 より小さいと，定義域がこれより左にずれて，定義域とグラフの位置関係は(ア)または(イ)のようになり，定義域の左端 $x=a$ で最小値をとることになります．

a が -4 より大きいと，定義域が右上図より右にずれて，(ウ)または(エ)のようになり，定義域の右端 $x=a+4$ で最小値をとることになります．

・をつけたところが最小値をとるところです．

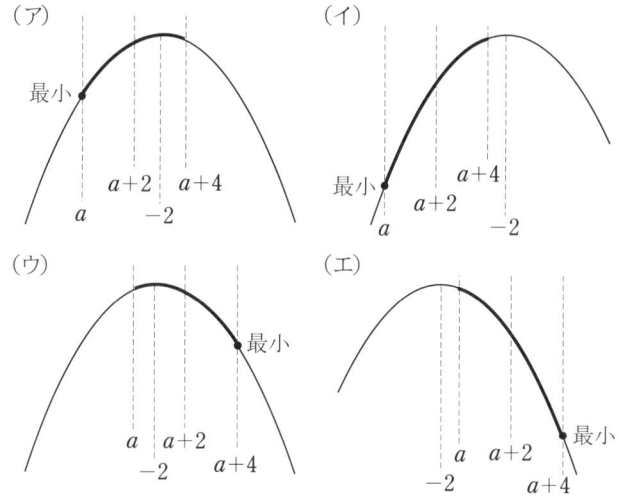

最小値に関してまとめると，

$a \leq -4$ のとき，
$$m(a)=f(a)=-a^2-4a-6$$

$a \geq -4$ のとき，
$$m(a)=f(a+4)=-(a+4)^2-4(a+4)-6=-a^2-12a-38$$

となります．

なお，放物線の軸が定義域の真ん中より左にあるか右にあるかが本質的なので，場合分けの図は2つでかまいません．ただ，(ア)と(イ)で最小値をと

$m(a)$, $M(a)$ のグラフ

るところが異なるのではないかと思っている人をときどき見かけます．（ア）も（イ）も，定義域の左端で最小値をとることを確認しておいてください．

次に，最大値 $M(a)$ を考えましょう．今度は，頂点で最大値をとることも考えられます．放物線の軸が定義域の中にあるか否か，右左どちらに外れるかによって場合分けをします．

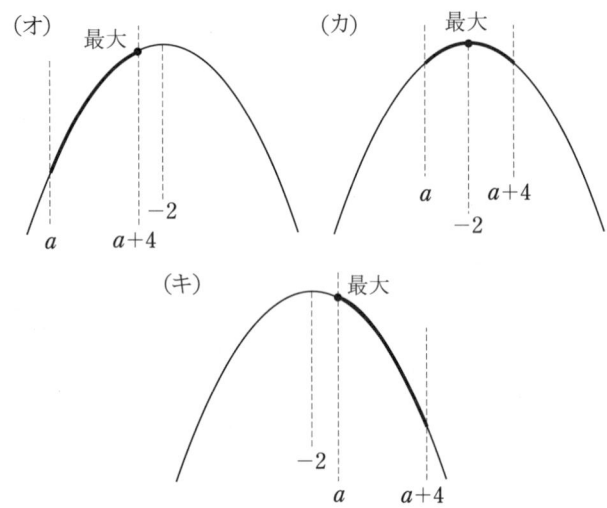

・をつけたところが，最大値をとるところです．
　（オ）は放物線の軸が定義域の右に外れる場合で，a は
$$a+4 \leqq -2 \qquad \therefore \quad a \leqq -6$$
を満たします．このとき，定義域の右端 $x=a+4$ で最大値をとります．
　（カ）は放物線の軸が定義域の中にある場合で，a は，
$$a \leqq -2 \leqq a+4 \qquad \therefore \quad -6 \leqq a \leqq -2$$
を満たします．このとき，頂点の $x=-2$ で最大値をとります．
　（キ）は放物線の軸が定義域の左に外れる場合で，a は $-2 \leqq a$ を満たします．このとき，定義域の左端 $x=a$ で最大値をとります．
　最大値をまとめると，
$$a \leqq -6 \text{ のとき，} M(a)=f(a+4)=-a^2-12a-38$$
$$-6 \leqq a \leqq -2 \text{ のとき，} M(a)=f(-2)=-2$$
$$-2 \leqq a \qquad \text{のとき，} M(a)=f(a)=-a^2-4a-6$$

となります.

さあ，$b=m(a)$，$b=M(a)$ のグラフを描いてみましょう.

$b=f(a+4)$ のグラフは，$b=f(a)$ のグラフを a 軸方向に -4 だけ平行移動したグラフであることを用いると早いでしょう．また，$-6 \leqq a \leqq -2$ のとき，最大値は -2 と一定になりますから，このとき $b=M(a)$ のグラフは a 軸に平行になります．$b=m(a)$，$b=M(a)$ のグラフは下図の太線のようになります．

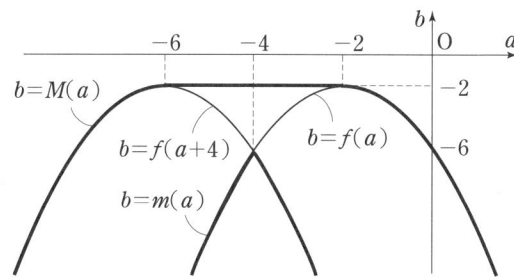

ここで，この解答のグラフを観察して新しいワザを考えてみましょう．

まず，この $b=m(a)$，$b=M(a)$ のグラフは，
$$b=f(a+4), \quad b=f(a), \quad b=-2$$
の3つのグラフの一部からなっていることが観察できるでしょう．

これら3つは，定義域の右端（$x=a+4$），定義域の左端（$x=a$），頂点（$x=-2$）での関数 $f(x)$ の値（a の関数になっている）です．

というのも，最小値をとるのは，定義域の端でしかありえませんし，最大値をとるのは，これに加えて頂点のときだけです．

つまり，最小値 $m(a)$ の候補となるのは定義域の端での関数の値，最大値 $M(a)$ の候補となるのは定義域の端での関数の値と頂点での関数の値で，これ以外にありません．ですから，$b=f(a+4)$，$b=f(a)$，$b=-2$ の3つのグラフが，$b=m(a)$，$b=M(a)$ のグラフのもとになっているわけです．

ここで，場合分けと $b=m(a)$，$b=M(a)$ のグラフを描く手順を逆にしてみます．

すなわち，上の解答では，放物線の軸と定義域の位置関係を a により場合分けをして，そのもとで $m(a)$，$M(a)$ を式で表し，$b=m(a)$，$b=M(a)$ のグラフを描きました．

が，これとは逆に，先に

m(a), *M(a)* のグラフ

$$b=f(a+4),\ b=f(a),\ b=-2$$

のグラフを同じ ab 平面上に描いてしまい，その3つのグラフの大小を比べて $m(a)$，$M(a)$ を求めたらどうだろうか，というのです．

頂点（$x=-2$）の値が最大値となるのは，定義域の区間に頂点が入ってくる場合です．頂点の x 座標は -2 ですから，定義域に頂点が入る条件は，

$$a \leq -2 \leq a+4 \qquad \therefore \quad -6 \leq a \leq -2$$

です．ですから，$b=-2$ のグラフは，定義域を $-6 \leq a \leq -2$ としなければならないことに気をつけましょう．

$$C: b=f(a),$$
$$D: b=f(a+4),$$
$$E: b=-2\ (-6 \leq a \leq -2)$$

のグラフを描くと下図のようになります．この3つのグラフのうち，a ごとに，最小のものが $m(a)$，最大のものが $M(a)$ となります．

つまり，3つのグラフのうち，一番小さいところを辿ったグラフが $b=m(a)$，一番大きいところを辿ったグラフが $b=M(a)$ です．こうすると，解答のような $b=m(a)$，$b=M(a)$ のグラフを描くことができます．

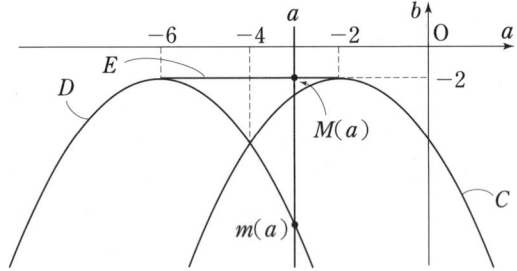

この例では $f(x)$ が2次関数の場合でしたが，$f(x)$ が他の関数の場合でも応用できるようにまとめておきましょう．

次頁の図のように，$f(x)$ の値が最大となるのは，定義域の端での関数の値か極大値か，いずれかです（次頁の左図）．これは $y=f(x)$ がどんなグラフの場合でもそうなります．上の2次関数では頂点での値が極大値になっていました．

逆に，$f(x)$ の値が最小となるのは，定義域の端での関数の値か極小値か，いずれかです（次頁の右図）．

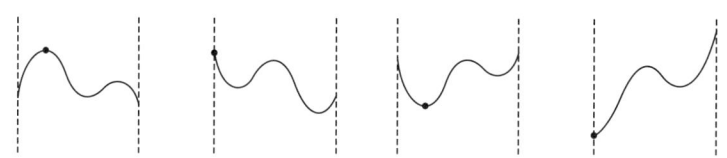

最大値＝極大値　　最大値＝端での値　　最小値＝極小値　　最小値＝端での値

ここでの観察をワザとしてまとめておくと，次のようになります．

> ───── $m(a)$, $M(a)$ のグラフ ─────
> $b=m(a)$, $b=M(a)$ のグラフを描くには，$m(a)$, $M(a)$ の候補となる関数
> ・定義域の端での値の関数
> ・定義域に含まれるときの極値の関数
> のグラフを先に描き，そのグラフで大小を比べ，最小のものを $m(a)$,
> 最大のものを $M(a)$ とする．

最小値・最大値の候補がいくつもあるときは，計算だけでその候補を比較し，最小値・最大値を決定することが煩雑になる場合があります．

そのような場合でも，先に候補の値のグラフを描き，それを補助として大小関係を見極めることで，見通しよく問題を解くことができます．グラフをしっかり描いておくことで，間違いも少なくなり，しなくてもよい計算を省くことができます．

❷ 3次関数の $m(a)$, $M(a)$

前節でまとめたワザを用いて，3次関数についての $m(a)$, $M(a)$ のグラフを描く問題を扱ってみましょう．

例題 2

関数 $f(x) = x^3 - 3x$ がある．区間 $a \leq x \leq a+1$ における，$f(x)$ の最小値を $m(a)$，最大値を $M(a)$ とする．

このとき，$m(a)$，$M(a)$ を求め，ab 平面に $b = m(a)$，$b = M(a)$ のグラフを描け． （類 南山大）

この問題でも，$m(a)$，$M(a)$ を求める前に，$m(a)$，$M(a)$ の候補となる値を，グラフに描いて比べてみましょう．

初めに，$m(a)$ の方から調べてみましょう．

まず，定義域 $a \leq x \leq a+1$ の両端での関数の値 $f(a)$ と $f(a+1)$ は，$m(a)$ の候補となります．

$$y = x(x-\sqrt{3})(x+\sqrt{3})$$
$$y' = 3x^2 - 3 = 3(x+1)(x-1)$$

より，$y = x^3 - 3x$ のグラフを描くと，右のようになります．

極小値をとる x の値（それは 1）が，定義域の区間 $a \leq x \leq a+1$ の中に入るのは，

$$a \leq 1 \leq a+1 \quad \therefore \quad 0 \leq a \leq 1$$

このときの $f(1) = -2$ も最小値の候補となります．

ここで，$m(a)$ の候補の値のグラフ

$C : b = f(a)$
$D : b = f(a+1)$
$E : b = -2 \ (0 \leq a \leq 1)$

を描きます．D は，C を a 軸方向に -1 だけ平行移動したグラフです．すると，下図のようになります．

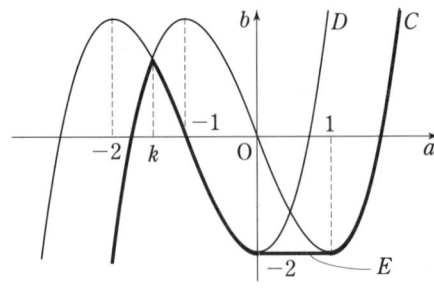

C, D, E のうち，一番小さい値を辿ると，太線のようになります．これが $b=m(a)$ のグラフです．

グラフの k の値を求めましょう．C と D の式を連立させて，
$$f(a+1)=f(a) \quad \therefore \quad (a+1)^3-3(a+1)=a^3-3a$$
$$\therefore \quad a^3+3a^2-2=a^3-3a$$
$$\therefore \quad 3a^2+3a-2=0 \quad \therefore \quad a=\frac{-3\pm\sqrt{33}}{6}$$

x 座標の小さい方の交点なので，$k=\dfrac{-3-\sqrt{33}}{6}$ となります．

以上の考察から，$m(a)$ をまとめると，

$a \leq \dfrac{-3-\sqrt{33}}{6}$ のとき，$m(a)=f(a)=a^3-3a$

$\dfrac{-3-\sqrt{33}}{6} \leq a \leq 0$ のとき，$m(a)=f(a+1)=a^3+3a^2-2$

$\quad 0 \leq a \leq 1$ のとき，$m(a)=-2$

$\quad 1 \leq a \quad$ のとき，$m(a)=a^3-3a$

となります．

続いて，$M(a)$ の方も調べてみます．

まず，定義域 $a \leq x \leq a+1$ の両端での関数の値 $f(a)$ と $f(a+1)$ は，$M(a)$ の候補となります．

極大値をとる x の値（それは -1）が，定義域の区間 $a \leq x \leq a+1$ の中に入るのは，
$$a \leq -1 \leq a+1 \quad \therefore \quad -2 \leq a \leq -1$$
このときの $f(-1)=2$ も最大値の候補となります．

ここで，$M(a)$ の候補のグラフ
$\quad C: b=f(a)$
$\quad D: b=f(a+1)$
$\quad F: b=2 \ (-2 \leq a \leq -1)$

を描きます．

すると，次頁の図のようになります．C, D, F のうち，一番大きい値を辿ると，太線のようになります．これが $b=M(a)$ のグラフです．

$m(a)$, $M(a)$ のグラフ

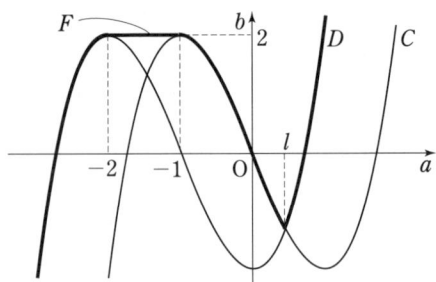

　グラフの l の値は，$f(a+1)=f(a)$ の解になります．これは，上で k を求めたときの方程式と同じです．

　x 座標の大きい方の交点なので，$l=\dfrac{-3+\sqrt{33}}{6}$

　以上の考察から，$M(a)$ をまとめると，
$$a \leqq -2 \text{ のとき，} M(a)=f(a+1)=a^3+3a^2-2$$
$$-2 \leqq a \leqq -1 \text{ のとき，} M(a)=2$$
$$-1 \leqq a \leqq \dfrac{-3+\sqrt{33}}{6} \text{ のとき，} M(a)=f(a)=a^3-3a$$
$$\dfrac{-3+\sqrt{33}}{6} \leqq a \text{ のとき，} M(a)=f(a+1)=a^3+3a^2-2$$
となります．

例題3

　$a>0$ とする．
$$f(x)=x(x-3a)^2 \ (0 \leqq x \leqq 1)$$
の最大値を a の関数と見て $M(a)$ とおく．
（1）　$M(a)$ を求め，ab 平面に $b=M(a)$ のグラフの概形を描け．
（2）　$M(a)$ の最小値とそれを与える a の値を求めよ．

(関大)

　例題1，例題2では，関数は固定されていて，区間に a が入っていましたが，この問題では，区間は固定されていて，関数の方に a が入っています．このような場合でも，例題1でまとめたワザが使えます．

問題の指示通りに,$M(a)$ を求めてから,グラフを描く必要はありません.例題1の考察で示したように,$M(a)$ を求めるためにグラフを活用しましょう.

$y=x(x-3a)^2$ のグラフは,$x=3a$ で x 軸に接し,原点を通ります.

$a>0$ であることにも注意すると右図のようになります.

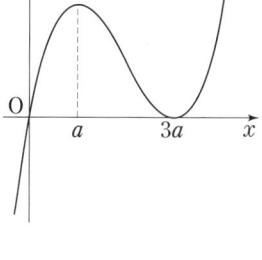

$y=x^3-6ax^2+9a^2x$

$y'=3x^2-12ax+9a^2=3(x-3a)(x-a)$

となるので,極大値をとる x の値は a です.

$M(a)$ の値の候補をあげてみましょう.

まず,定義域 $0\leqq x\leqq 1$ の両端での関数の値 $f(0)=0$ と $f(1)=(1-3a)^2$ は,$M(a)$ の候補となります.

この2つを比べると,$(1-3a)^2\geqq 0$ ですから,この時点で $0(=f(0))$ は最大値の候補から外しましょう.

また,定義域の区間の中で極大値をとるとき,その極大値も $M(a)$ の候補となります.極大値をとる x の値は a です.これが,定義域の区間 $0\leqq x\leqq 1$ の中に入る条件は,$0\leqq a\leqq 1$ で,これと $a>0$ と合わせて,

$$0<a\leqq 1$$

そのときの極大値 $f(a)=4a^3$ も $M(a)$ の候補となります.

ここで,候補の値のグラフ

$\quad C:b=(1-3a)^2$

$\quad D:b=4a^3\ (0<a\leqq 1)$

を描きます.

すると,右図のようになります.C,D のうち大きい方をとると,太線のようになります.この太線が求める $M(a)$ のグラフです.

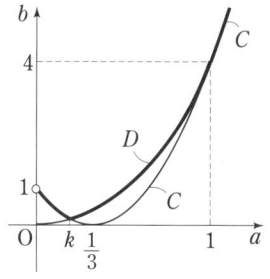

k を図のように定めると,$a=k$ のとき $M(a)$ は最小値をとります.

この値は,C,D の交点の a 座標ですから,

$\quad (1-3a)^2=4a^3$

$\therefore\ 4a^3-9a^2+6a-1=0$

∴ $(a-1)^2(4a-1)=0$ ∴ $a=1, \dfrac{1}{4}$

$a=1$ が重解であることから，C と D は $a=1$ で接していることが分かります．$k=\dfrac{1}{4}$ です．

$M(a)$ の最小値は，$M\left(\dfrac{1}{4}\right)=4\left(\dfrac{1}{4}\right)^3=\dfrac{1}{16}$

以上の考察から，$M(a)$ をまとめると，

$0<a\leqq\dfrac{1}{4}$ のとき，$M(a)=(1-3a)^2$

$\dfrac{1}{4}\leqq a\leqq 1$ のとき，$M(a)=4a^3$

$1\leqq a$ のとき，$M(a)=(1-3a)^2$

練習問題 ▶解答は p.120

1. a を実数の定数とする．関数
$$f(x)=x^2+2ax-a+2$$
について，次の問いに答えよ．

(1) x が $-1\leqq x\leqq 1$ の範囲を動くとき，$f(x)$ の最大値 $M(a)$ と最小値 $m(a)$ をそれぞれ a を用いて表せ．

(2) $f(x)$ の値が常に 0 以上であるように，a の値の範囲を定めよ．

(3) a が (2) で定めた範囲を動くとき，(1) で求めた $M(a)$ と $m(a)$ の差 $M(a)-m(a)$ の最大値と最小値を求めよ．

(東京慈恵会医大・看護)

2. p を $0<p<1$ を満たす定数とする．関数
$$y=x^3-(3p+2)x^2+8px$$
の区間 $0\leqq x\leqq 1$ における最大値と最小値を求めよ．

(佐賀大・文化教育)

3 座標平面上に実現する

この章は，式の最大値・最小値を求める問題を扱います．その中でも，式が表す内容を座標平面上に実現して解く解法を紹介していきましょう．

① 距離で実現する

この節では，式を座標平面上の距離として実現して解く問題を紹介します．

例題 1

実数 x, y が
$$(x-5)^2+(y-4)^2 \leq 4$$
を満たしながら動くとき，次の式の最小値・最大値を求めよ．
（1） x^2+y^2
（2） x^2+y^2-2y

$(x-5)^2+(y-4)^2 \leq 4$ は xy 平面上の円 $(x-5)^2+(y-4)^2=4$（この円を C と名付ける）の周および内部を表す式ですから，たとえ座標平面が設定されていなくとも，問題が表す内容を座標平面の言葉に翻訳して解きたいところです．

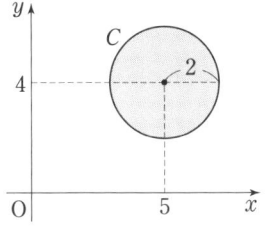

（1） この式を座標平面上の距離と結び付けます．平面上の 2 点間の距離を表す式を確認しておきましょう．

2 点 A，B の座標が (a_1, b_1)，(a_2, b_2) で表されるとき，AB の長さは，
$$AB=\sqrt{(a_1-a_2)^2+(b_1-b_2)^2}$$
と表されました．$\sqrt{}$ の中が 2 次式になっています．問題の式は x, y の 2 次式ですから，これを座標平面上の 2 点間の距離に結び付けてみましょう．

座標が (x, y) となる点を P，原点を $O(0, 0)$ とすると，距離の公式より，
$$OP^2=x^2+y^2$$

となります．x^2+y^2 の最小値・最大値を考えるには，OP の最小値・最大値を考えればよいことになります．

　図に表してみると右のようになります．

O は定点です．P が網目で表される C の周および内部を動くとき，OP の最小値・最大値を求めてみましょう．

　円 C の中心 D$(5,\ 4)$ と O とを結ぶ直線を描き，円 C との交点を O に近い方から G, H とします．

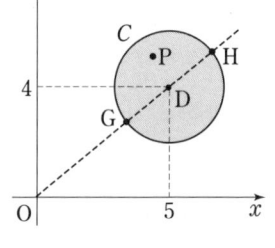

　すると，OP の値が最小になるのは P＝G のとき，OP の値が最大になるのは P＝H のときです．

　なぜそうなるのか，ときどき質問を受けますので説明しておきます．感覚的にわかる人は以下の説明を飛ばして，13 行先から読んでもらって結構です．答案でも理由まで書く必要はありません．

　O を中心とした円で C に接する円を描きます．それは右のように C と外接する円 E と C を内接円として持つ円 F の 2 つがあります．

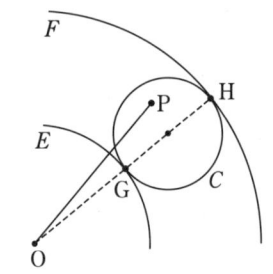

　すると，接点と円の中心は一直線上に並びますから，C と E の接点が G，C と F の接点が H です．

　C は E と F の間にありますから，C の周および内部に勝手な点 P を取ると，

$$\text{OG} \leqq \text{OP} \leqq \text{OH}$$

となります．この式から，OP の値が最小になるのは P＝G のとき，OP の値が最大になるのは P＝H のときであることがわかります．

　C の半径が 2，OD の長さが $\sqrt{5^2+4^2}=\sqrt{41}$ なので，

$$\text{OG}=\sqrt{41}-2,\quad \text{OH}=\sqrt{41}+2$$

となります．これから，x^2+y^2 （＝OP^2）の

最小値は，OG$^2=(\sqrt{41}-2)^2=\boldsymbol{45-4\sqrt{41}}$

最大値は，OH$^2=(\sqrt{41}+2)^2=\boldsymbol{45+4\sqrt{41}}$

（2）（1）に y の 1 次の項が 1 つ付いています．2 乗の和の形に変形して，平面上の距離に結び付けてみましょう．

　与式を平方完成すると，

$$x^2+y^2-2y=\underline{x^2+(y-1)^2}-1 \quad \cdots\cdots\cdots\cdots\cdots\cdots ①$$

となります．

いま，座標が (x, y) となる点を P，座標が $(0, 1)$ となる点を I と表すと，IP^2 は，

$$\mathrm{IP}^2=x^2+(y-1)^2$$

と表されます．これは，ちょうど①の波線部であり，

$$x^2+y^2-2y=\mathrm{IP}^2-1$$

となります．ですから，x^2+y^2-2y の最小値・最大値を考えるには，IP の最小値・最大値を考えればよいことになります．

右図で，IP が最小となるのは P=J のとき，最大となるのは P=K のときです．

C の半径が 2，I と C の中心 D との距離が，$\sqrt{(5-0)^2+(4-1)^2}=\sqrt{34}$ ですから，IJ$=\sqrt{34}-2$，IK$=\sqrt{34}+2$ となります．

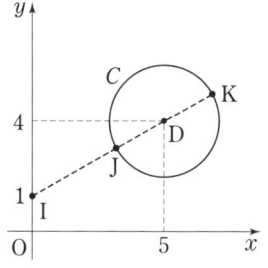

したがって，x^2+y^2-2y の

最小値は， $\mathrm{IJ}^2-1=(\sqrt{34}-2)^2-1=\mathbf{37-4\sqrt{34}}$

最大値は， $\mathrm{IK}^2-1=(\sqrt{34}+2)^2-1=\mathbf{37+4\sqrt{34}}$

② 傾きで実現する

この節では，式を座標平面上の傾きと見て解く問題を紹介しましょう．

例題 2

実数 x, y が

$$(x-5)^2+(y-4)^2 \leq 4$$

を満たしながら動くとき，次の式の最小値・最大値を求めよ．

$$\frac{y-1}{x-2}$$

平面上の 2 点を結ぶ直線の傾きの式を確認しておきましょう．2 点 A, B の座標が (a_1, b_1)，(a_2, b_2) で表されるとき，直線 AB の傾きは，

$$\frac{b_1-b_2}{a_1-a_2}$$

座標平面上に実現する　　27

と表されました．問題の式も分数式ですから座標平面上の直線の傾きとして実現してみましょう．

いま，座標が (x, y) となる点を P，座標が $(2, 1)$ となる点を R で表すと，直線 PR の傾きは，ちょうど

$$\frac{y-1}{x-2}$$

となり，問題の式に一致します．ですから，直線 PR の傾きの最大最小を考えればよいことになります．

直線 PR が円 C に接するときの接点を図のように S，T とします．

すると，図から

（RS の傾き）≦（RP の傾き）≦（RT の傾き）

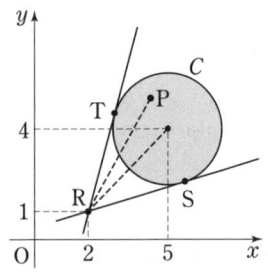

が成り立っています．ここで，RS の傾き，RT の傾きは一定値です．この式から，直線 PR の傾きが最小になるのは P＝S のときで，最大になるのは P＝T のときであることがわかります．

さあ，実際に RS，RT の傾きを求めてみましょう．

そのためには，円と直線が接する条件を式に落とし込みます．接線の傾きを k とおきます．すると，R $(2, 1)$ を通る直線の式は，

$$y = k(x-2) + 1 \qquad \therefore \quad k(x-2) - y + 1 = 0$$

となります．円 C は，中心が $(5, 4)$，半径が 2 でした．ここで，

円 C と直線 PR が接する

$\iff$ 直線 PR と $(5, 4)$ との距離が 2

という言い換えを用いましょう．

$$\frac{|k(5-2) - 4 + 1|}{\sqrt{k^2+1}} = 2 \qquad \therefore \quad |3k - 3| = 2\sqrt{k^2+1}$$

両辺を平方して，

$$(3k-3)^2 = 4(k^2+1) \qquad \therefore \quad 5k^2 - 18k + 5 = 0$$

$$\therefore \quad k = \frac{9 \pm \sqrt{9^2 - 5^2}}{5} = \frac{9 \pm 2\sqrt{14}}{5}$$

RS の傾きは $\dfrac{9 - 2\sqrt{14}}{5}$，RT の傾きは $\dfrac{9 + 2\sqrt{14}}{5}$

ですから，$\dfrac{y-1}{x-2}$ の最小値は $\dfrac{9 - 2\sqrt{14}}{5}$，最大値は $\dfrac{9 + 2\sqrt{14}}{5}$

なお，与式の値を k とおき，
$$\frac{y-1}{x-2}=k \quad \therefore \quad y=k(x-2)+1$$
とし，これと円の式を連立させてできた2次方程式の判別式が0以上であるとして k の範囲を求める解法もありえます．こうすると，たしかに傾きを意識せずに解くことができますが，次のような問題があるので，「傾きと見る」解法が色褪せることはありません．

例題3

θ が，$-90°\leqq\theta\leqq 90°$ を満たしながら動くとき，
$$\frac{\sin\theta+3}{\cos\theta+2}$$
の最大値・最小値を求めよ． (類 日本女子大)

分数の形をしていますから，傾きに結び付けて考えましょう．

xy 平面上で $P(\cos\theta,\ \sin\theta)$，$A(-2,\ -3)$ とすると，AP の傾きは，
$$\frac{\sin\theta+3}{\cos\theta+2}$$
となります．

ですから，与式の最大値・最小値を求めるには，AP の傾きの最大値・最小値を求めればよいことになります．

まず，θ が，$-90°\leqq\theta\leqq 90°$ を動くとき，P の軌跡を図示します．

P の軌跡は，単位円（原点中心，半径1の円）の右半分になります．

図で，AP の傾きが最大になるのは P=B，最小になるのは P=D のときです．D は，定点 A を通る直線と単位円が接する点です．

AB の傾きは，
$$\frac{1+3}{0+2}=2$$
と簡単に求まります．

AD の傾きは例題2と同様の計算で求めましょう．A を通る直線 l の方程式を，傾きを k とし

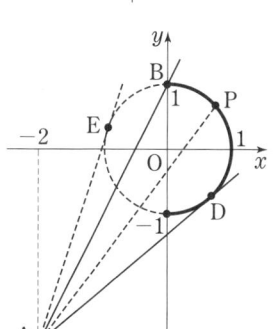

て,
$$l : y = k(x+2) - 3$$
とおきます.

　l と単位円 C が接する
　　$\iff$ (l と原点 $(0, 0)$ との距離) $= 1$
という言いかえを用いて,
$$\frac{|k(0+2)-0-3|}{\sqrt{k^2+1}} = 1$$
$$\therefore \ (2k-3)^2 = k^2 + 1 \qquad \therefore \ 3k^2 - 12k + 8 = 0$$
$$\therefore \ k = \frac{6 \pm 2\sqrt{3}}{3}$$

答えが2つ出てきました.

大きい方の $\dfrac{6+2\sqrt{3}}{3}$ は,AEの傾きを表しています.

　Pが単位円すべてを動くときは,これが最大値となりますが,この問題では,θ が $-90° \leqq \theta \leqq 90°$ の範囲でしか動きませんから,この値は APの傾きの最大値としては採用されません.

　一方,小さい方の $\dfrac{6-2\sqrt{3}}{3}$ は,ADの傾きとなり,APの傾きの最小値として採用されます.

　したがって,与式の**最大値は 2**,**最小値は** $\dfrac{6-2\sqrt{3}}{3}$

❸ 内積で実現する

　この節では,与えられた式を座標平面上のベクトルの内積と見て解く問題を紹介しましょう.

例題 4

　平面上の点 (a, b) は円 $x^2 + y^2 - 100 = 0$ 上を動き,点 (c, d) は円 $x^2 + y^2 - 6x - 8y + 24 = 0$ 上を動くものとする.
（1）　$ac+bd=0$ を満たす (a, b) と (c, d) の例を一組あげよ.
（2）　$ac+bd$ の最大値を求めよ.　　　　　　　　　　　（埼玉大・教,経）

座標平面上のベクトルの内積の式を確認しておきましょう．

座標平面上に $A(a_1, a_2)$, $B(b_1, b_2)$ があるとき，$\overrightarrow{OA}$ と $\overrightarrow{OB}$ の内積は，

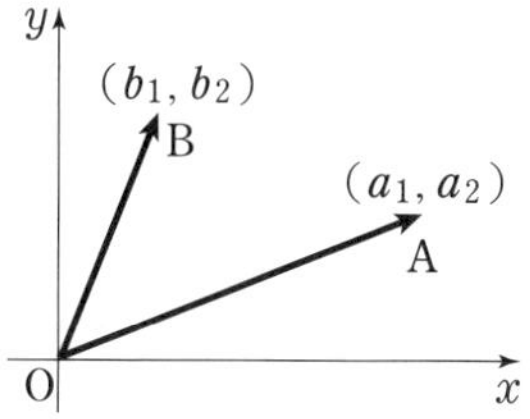

$$\overrightarrow{OA}\cdot\overrightarrow{OB}=\begin{pmatrix}a_1\\a_2\end{pmatrix}\cdot\begin{pmatrix}b_1\\b_2\end{pmatrix}=a_1b_1+a_2b_2$$

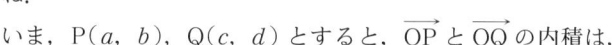

となります．

問題の式もちょうどこの形の式になっていますね．

いま，$P(a, b)$, $Q(c, d)$ とすると，$\overrightarrow{OP}$ と $\overrightarrow{OQ}$ の内積は，

$$\overrightarrow{OP}\cdot\overrightarrow{OQ}=\begin{pmatrix}a\\b\end{pmatrix}\cdot\begin{pmatrix}c\\d\end{pmatrix}=ac+bd$$

となります．

問題に出てくる円をそれぞれ C, D とします．

$C: x^2+y^2-100=0$ より，$x^2+y^2=10^2$ ですから，C は原点 O を中心とした半径 10 の円．

$D: x^2+y^2-6x-8y+24=0$ より，$(x-3)^2+(y-4)^2=1^2$ ですから，D は $(3, 4)$ を中心とした半径 1 の円です．

この問題では，$P(a, b)$ が C 上を，$Q(c, d)$ が D 上を動くときの $\overrightarrow{OP}\cdot\overrightarrow{OQ}$ の値について問われているのです．

（1）の条件は，

$$ac+bd=0 \iff \overrightarrow{OP}\cdot\overrightarrow{OQ}=0 \iff \overrightarrow{OP}\perp\overrightarrow{OQ}$$

と言い換えられます．

つまり，$\overrightarrow{OP}$ と $\overrightarrow{OQ}$ が垂直になるような P, Q の位置を見つければよいのです．

そのためには，動ける範囲の狭い Q の方をまず定めます．x 座標も y 座標も整数になるような点がいいですね．

(3, 3) なんてどうでしょう．
$Q(3, 3)$ とすれば，OQ の傾きが 1 となりますから，あとの計算も楽です．

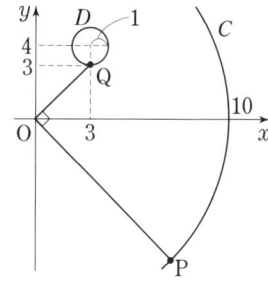

Q は x 軸の正の向きとなす角が $45°$ の直線 $y=x$ の上にあります．これに対し，P を x 軸の正の向きとなす角が $-45°$ の直線 $y=-x$ 上に取れば，$\overrightarrow{OP}$

と $\overrightarrow{OQ}$ のなす角は $90°$ となり，$\overrightarrow{OP}$ と $\overrightarrow{OQ}$ は垂直になります．

Pの座標は $(a, -a)$ $(a>0)$ と表せます．これが C 上にあるので，
$$a^2+(-a)^2-100=0 \quad \therefore \quad 2a^2=100 \quad \therefore \quad a=5\sqrt{2}$$

Pを $(5\sqrt{2}, -5\sqrt{2})$，Qを $(3, 3)$ に取れば，$\overrightarrow{OP}$ と $\overrightarrow{OQ}$ は垂直になります．すなわち，
$$(a, b)=(5\sqrt{2}, -5\sqrt{2}), \quad (c, d)=(3, 3)$$
のとき，$ac+bd=0$ となります．

(2) 今度は $ac+bd$ の最大値を問われています．最大値を考えるには，内積の定義式を用います．内積は，$\overrightarrow{OP}$ と $\overrightarrow{OQ}$ のなす角を θ として，
$$\overrightarrow{OP} \cdot \overrightarrow{OQ}=|\overrightarrow{OP}||\overrightarrow{OQ}|\cos\theta$$
と書くことができます．

ここで，右辺をバラバラにした $|\overrightarrow{OP}|$，$|\overrightarrow{OQ}|$，$\cos\theta$ の最大値をそれぞれ考えてみましょう．

Pは C 上にありますから $|\overrightarrow{OP}|$ は一定で，
$$|\overrightarrow{OP}|=10 \quad \cdots\cdots\cdots\cdots\cdots ①$$

Qは D 上にありますから，右図のように O と D の中心 E を結ぶ直線と D の交点のうち，原点から遠くにある点 F に Q が重なるとき，$|\overrightarrow{OQ}|$ は最大値をとります．

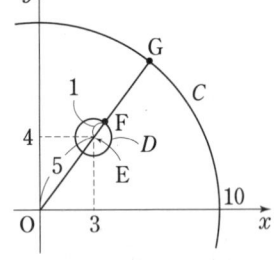

$$|\overrightarrow{OQ}| \leq OF = OE+EF$$
$$=\sqrt{3^2+4^2}+1=6 \quad \cdots\cdots ②$$
です．最大値は，6 です．

$\cos\theta$ の最大値は，$\theta=0°$ のとき $\cos\theta=1$ です．
$$\cos\theta \leq 1 \quad \cdots\cdots\cdots\cdots\cdots ③$$

と，バラバラに最大値を求めてみました．ふつうはこんなことをしても問題の直接的な解決には至らないものです．ところが，この問題の場合には上の考察が功を奏します．$|\overrightarrow{OP}|$，$|\overrightarrow{OQ}|$，$\cos\theta$ の最大値を同時に実現するような都合のよいP，Qの選び方があるのです．ヤッター！

半直線 OE と C の交点を G とし，Pを G，Qを F にとると，$|\overrightarrow{OP}|=10$，$|\overrightarrow{OQ}|=6$，$\theta=0°$ ですから，$\cos\theta=1$ となります．最大値は，
$$\overrightarrow{OP} \cdot \overrightarrow{OQ}=|\overrightarrow{OP}||\overrightarrow{OQ}|\cos\theta=10 \cdot 6 \cdot 1 = 60$$
です．答案っぽく書くと，①，②，③を用いて，

$ac+bd = \overrightarrow{\mathrm{OP}} \cdot \overrightarrow{\mathrm{OQ}} = |\overrightarrow{\mathrm{OP}}||\overrightarrow{\mathrm{OQ}}|\cos\theta \leq 10 \cdot 6 \cdot 1 = 60$

P=G,Q=F のとき,等式を満たすので,$ac+bd$ の最大値は **60** となります.

この章では,与えられた式を座標平面上に実現する 3 つの方法(距離,傾き,内積)を紹介しました.式を見たときに,距離,傾き,内積にピンとくるようにしておいてください.

練習問題 ▶解答は p.122

1. 実数 x, y が
$$2x^4-2x^3y-3x^3+3x^2y-xy+y^2+x-y=0$$
を満たすとき,x^2+y^2-4y+4 の最小値を求めよ. (信州大(後)・医)

2. 実数 x, y が $x^2+y^2=1$,$y\geq 0$ をみたして変化するとき,$\dfrac{y+1}{x-3}$ の最大値は ☐ であり,最小値は ☐ である. (芝浦工大)

3. $3\sin x+\cos x=c$ が $0\leq x\leq \dfrac{\pi}{2}$ で異なる 2 つの解をもつような c の値の範囲を求めよ. (関西大)

4 曲線の束

① 「曲線の束」とは

この章では，「曲線の束」という座標平面の問題を解くときのテクニックについて解説します．

例題 1

xy 平面上の 2 つの円
$$C_1 : x^2 + y^2 = 25 \quad \cdots\cdots ①$$
$$C_2 : (x-4)^2 + (y-3)^2 = 2 \quad \cdots\cdots ②$$
は 2 点で交わる．それらの点を A，B とする．
(1) A，B を通る直線の方程式を求めよ．
(2) A，B と点 (3, 1) を通る円の方程式を求めよ．

---

①，②の交点の座標を求めようと計算しはじめた人もいるのではないでしょうか．類題を解いたことがなければ，無理もありません．実は，この手の問題では，交点の座標を計算することなく所望の曲線（直線も含む）の方程式を得ることができる「曲線の束」と呼ばれるテクニックが知られています．

①，②の項を左辺に集めて，「…＝0」の形に書き直します．
$$C_1 : x^2 + y^2 - 25 = 0 \quad \cdots\cdots ③$$
$$C_2 : (x-4)^2 + (y-3)^2 - 2 = 0 \quad \cdots\cdots ④$$
これをもとに次のような式を作ります．
$$(x^2 + y^2 - 25) + k\{(x-4)^2 + (y-3)^2 - 2\} = 0 \quad \cdots\cdots ⑤$$
k を実数の定数とします．すると，この式はあくまでも x，y についての関係式です．そこで，この関係式が表すグラフの性質について調べていきましょう．

Aの座標を (α, β) とします.

Aは③上の点でも，④上の点でもあるので，③，④の式の x, y に $x=\alpha, y=\beta$ を代入したときに次の式が成り立ちます.

$$\alpha^2 + \beta^2 - 25 = 0 \quad \cdots\cdots\cdots\cdots ⑥$$
$$(\alpha-4)^2 + (\beta-3)^2 - 2 = 0 \quad \cdots\cdots\cdots ⑦$$

ここで，⑤の式の左辺の x, y にも α, β を代入してみましょう.

$$(\underline{\alpha^2+\beta^2-25}) + k\{\underline{(\alpha-4)^2+(\beta-3)^2-2}\}$$

となります．ここで波線部に⑥，⑦の関係式を用いると，

$$0 + k \cdot 0 = 0 \quad \cdots\cdots\cdots\cdots\cdots\cdots\cdots\cdots\cdots ⑧$$

となります．つまり，$x=\alpha, y=\beta$ のとき，⑤の式は成り立つわけです．このことから，⑤の式が表すグラフは，$A(\alpha, \beta)$ を通ることがわかります.

Bに関しても事情は同じです．⑤の式が表すグラフは，Bも通ります．

結局，⑤の式が表すグラフは，C_1 と C_2 の2つの交点A，Bを通るグラフであるということが分かりました.

⑧の式の成り立つ様子を見てわかるように，k がどんな実数であっても，⑤のグラフは，2つの交点を通るグラフとなります.

そこで，k を具体的な数にしてみましょう.

$k=-1$ としてみます．

$$(x^2+y^2-25) - \{(x-4)^2+(y-3)^2-2\} = 0$$
$$\therefore \quad 8x + 6y - 48 = 0$$
$$\therefore \quad \mathbf{4x + 3y - 24 = 0} \quad \cdots\cdots\cdots\cdots\cdots\cdots\cdots\cdots ⑨$$

x, y の1次式となりました．これは，直線の式です．⑤の k にどんな実数を代入してもA，Bを通るのですから，⑨の式が表すグラフもA，Bを通ります.

つまり，⑨の式が表すグラフは，A，Bを通る直線です．(1)の答えがスルッと求まってしまいました．この調子で(2)の式も求めてみましょう.

⑤の式で表されるグラフが点 $(3, 1)$ を通るように k を決めましょう．⑤の式に $x=3, y=1$ を代入します.

$$-15 + 3k = 0 \qquad \therefore \quad k = 5$$

⑤で，$k=5$ とします．

$$(x^2+y^2-25) + 5\{(x-4)^2+(y-3)^2-2\} = 0$$
$$\therefore \quad 6x^2 + 6y^2 - 40x - 30y + 90 = 0$$

曲線の束　　35

$$\therefore \quad x^2+y^2-\frac{20}{3}x-5y+15=0$$

$$\therefore \quad \left(x-\frac{10}{3}\right)^2-\frac{100}{9}+\left(y-\frac{5}{2}\right)^2-\frac{25}{4}+15=0$$

$$\therefore \quad \left(x-\frac{10}{3}\right)^2+\left(y-\frac{5}{2}\right)^2=\frac{85}{36} \quad \cdots\cdots\cdots\cdots\cdots\cdots\cdots\cdots\text{⑩}$$

　この式は，もともと⑤で $k=5$ とした式を変形したものですから，この式が表すグラフはA，Bを通ります．しかも，$x=3$，$y=1$ を代入すると成り立つように k を定めたのですから，この式が表すグラフは点 $(3, 1)$ を通ります．式の形から，この式が表す曲線は円です．問題の条件をすべて満たします．

　一般に，3つの点が与えられると，それらを通る円は1つに決まります．ですから，A，Bと $(3, 1)$ の3点を通る円は1つに決まります．⑩の曲線は，A，Bと $(3, 1)$ の3点を通る円ですから，これこそが答えの方程式です．（2）の方もスルッと答えが求まってしまいました．

　（1），（2）も⑤の式を考えるところから始まっています．この問題では，⑤の式のような都合のよい式が立てられたからこそ，交点の座標を計算せずに所望の方程式を得ることができたのです．⑤の式さまさまといったところです．

　ただ，⑤の式の限界も捉えておきましょう．⑤の式が表すグラフはA，Bを通る曲線ですが，逆にA，Bを通る勝手な曲線がすべて⑤の形の式で表されるわけではありません．実数 k をどのようにとっても，⑤の式で3次関数のグラフを表すことはできません．

　⑤は高々 x，y の2次式で，x^2 の係数と y^2 の係数は $k+1$ と等しいので，曲線を表すとしたら，円か直線しかありません．そこへ持ってきて，設問で「直線」「円」の方程式を求めよ，ときたものですから，うまくハマったわけです．実際のところ，入試問題では，⑤のように式を立てるとうまくいく場合が多いのです．⑤の式の立て方を抽象的な言葉でまとめておきましょう．

―― 曲線の束のまとめ ――

2つの曲線
$$C : f(x, y) = 0 \quad D : g(x, y) = 0$$
がある．このとき，
$$f(x, y) + kg(x, y) = 0 \quad (k は実数) \quad \cdots\cdots ⑪$$
が表す曲線は，C と D のすべての交点を通る．

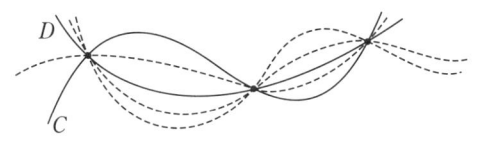

k がどんな実数でも C, D のすべての交点を通ります．k についていろいろな数値を代入して，⑪が表すグラフを描いていくと，交点のところで糸の束を括ったような図となります．これが「曲線の束」の由来です．

例題1では，2円の交点を通る曲線を考えました．次の例題のように円と直線の交点を考える場合でも曲線の束の考え方を用いることができます．

例題2

円 C は，円 $x^2 + y^2 = 4$ と直線 $-x + y + 1 = 0$ の2つの交点，および，原点を通る．円 C の中心の座標は □ であり，半径は □ である．

(名城大)

曲線の束の考え方を用いるときの第一手は，与えられた曲線の式の項を左辺に集めて「…＝0」の形にすることです．直線の方はすでにその形になっています．円と直線の式は，それぞれ，
$$x^2 + y^2 - 4 = 0 \quad \cdots\cdots ① \quad -x + y + 1 = 0 \quad \cdots\cdots ②$$
と書かれます．①，②に対して，実数 k を用いて，①＋k×②とした式
$$x^2 + y^2 - 4 + k(-x + y + 1) = 0 \quad \cdots\cdots ③$$
を考えます．こうして作った式が表す曲線は，①の曲線と②の直線のすべての交点（この場合は2個）を通ります．

③の式が原点を通るように k を定めましょう．③の式の (x, y) に $(0, 0)$ を代入して，
$$-4 + k = 0 \quad \therefore \quad k = 4$$

曲線の束

$k=4$ として③の式を整理すると,
$$x^2+y^2-4+4(-x+y+1)=0$$
$$x^2+y^2-4x+4y=0$$
$$(x-2)^2-4+(y+2)^2-4=0$$
$$(x-2)^2+(y+2)^2=(2\sqrt{2})^2 \quad \cdots\cdots\cdots\cdots\cdots\cdots\cdots\cdots ④$$

この式は,①,②のグラフの交点を通って,原点を通る曲線を表しています.しかも,式の形からして円の方程式です.つまり,2つの交点と原点を通る円の方程式を表しています.3点を通る円は1つに決まりますから,④こそが求める円Cの方程式です.

これより,中心の座標は$(2, -2)$,半径は$2\sqrt{2}$です.

この「曲線の束のまとめ」を直接使うことができる問題をもう少し解いてみましょう.

例題3

次の2つの放物線
$$C: y=2x^2-2x, \quad D: y=-x^2+4x+3$$
は2点で交わる.この2点を通る直線の方程式を求めよ.

項を一方の辺に集めて,「…=0」の形に直します.
$$2x^2-2x-y=0, \quad -x^2+4x+3-y=0$$
これをもとに,
$$(2x^2-2x-y)+k(-x^2+4x+3-y)=0 \quad \cdots\cdots\cdots\cdots\cdots\cdots ①$$
という式を作ります.この式で表される曲線は,CとDの2つの交点を通ります.これが直線を表すようにうまくkを選びましょう.

①の式のx^2の係数は,$2-k$です.これが0になれば,①の式はxとyの1次式になります.
$$2-k=0 \qquad \therefore \quad k=2$$
ですから,①で$k=2$とします.
$$(2x^2-2x-y)+2(-x^2+4x+3-y)=0$$
$$\therefore \quad 6x+6-3y=0$$
$$\therefore \quad \boldsymbol{y=2x+2}$$
これが求める直線の方程式です.

例題 4

次の 2 つの放物線
$$C: y=x^2-x, \quad D: x=y^2-3y$$
は 4 点で交わる．この 4 点を通るような円の方程式を求めよ．

$x=y^2-3y$ は，対称軸が x 軸に平行な放物線です．いつもと x, y の役割が入れ替わっています．

「… $=0$」の形に直しましょう．

$x^2-x-y=0$

$y^2-3y-x=0$

これをもとに，
$$(x^2-x-y)+k(y^2-3y-x)=0$$
という式を作ります．この式で表される曲線が，C と D のすべての交点を通ります．この式が円を表してくれるような k はいくつでしょうか．

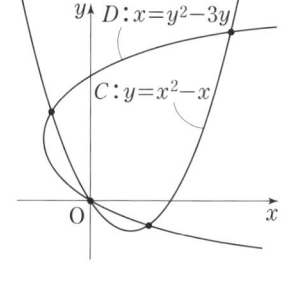

いま，$k=1$ とします．すると，

$x^2-x-y+y^2-3y-x=0$

$\therefore\quad x^2-2x+y^2-4y=0$

$\therefore\quad (\boldsymbol{x-1})^2+(\boldsymbol{y-2})^2=\boldsymbol{5}$

めでたく円の方程式になりました．これが求める円の方程式です．

② 極値の点を通る「曲線の束」

いままでは，「曲線の束」の式は交点を通る式でした．
次の問題で作る「曲線の束」の式は，極値をとる点を通るグラフの式です．

例題 5

4 次関数 $D: y=x^4-4x^3-6x^2+4x$ のグラフには，極値をとる点が 3 個ある．この 3 点を A，B，C とする．A，B，C を通って，軸が y 軸と平行になる放物線の式を求めよ．

$f(x)=x^4-4x^3-6x^2+4x$ とします．

いま，曲線の束の式として，

曲線の束　39

$$y = f(x) - S(x)f'(x) \quad \cdots\cdots\cdots\cdots\cdots\cdots\cdots ①$$

を考えます．ここで，$S(x)$ は勝手な x の多項式，$f'(x)$ は $f(x)$ を微分した式です．

①の式が表すグラフが，$D: y = f(x)$ の極値をとる点を通ることを示しましょう．

点 A の座標を $(\alpha, f(\alpha))$ とします．A は極値をとる点なので，$f'(\alpha) = 0$ です．①の右辺の x に α を代入すると，

$$f(\alpha) - S(\alpha)f'(\alpha) = f(\alpha) - S(\alpha) \cdot 0$$
$$= f(\alpha)$$

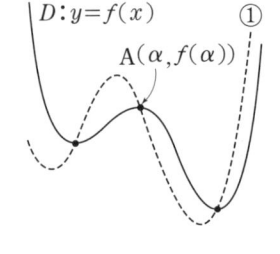

ですから，①の式が表すグラフは A を通ります．同様に B，C も通ります．

求めたいのは放物線の式です．①の式で，右辺が2次式となるように $S(x)$ を選ぶことができれば，①は極値をとる点を通る"放物線"の式となってくれて大変都合がよいですが……．

そこで使えるのが多項式の割り算です．

$f(x)$ を $f'(x)$ で割ります．商を $Q(x)$，余りを $R(x)$ とすると，

$$f(x) = Q(x)f'(x) + R(x)$$
$$\therefore \quad f(x) - Q(x)f'(x) = R(x) \quad \cdots\cdots\cdots\cdots\cdots\cdots ②$$

ここで，$R(x)$ の次数は，$f'(x)$ の次数（3次）より低いので2次以下になります．①と②を見比べると，$S(x)$ として商 $Q(x)$ を取れば，①の式を2次以下の式にできることに気づきます．

$y = R(x)$ は A，B，C を通る曲線です．これが，ちょうど2次式であれば，求める放物線の式は，$y = R(x)$ となります．

具体的に計算してみましょう．

$f(x)$ を，$f'(x) = 4x^3 - 12x^2 - 12x + 4$ で割ると，

$$\text{商 } Q(x) = \frac{1}{4}x - \frac{1}{4}, \quad \text{余り } R(x) = -6x^2 + 1$$

なので，求める放物線の式は，$\boldsymbol{y = -6x^2 + 1}$

「$f(x)$ を $f'(x)$ で割った余りを計算する」というシンプルな手順で答えが求まってしまうわけです．

練習問題 ▶解答は p.124

1. 次の 2 つの円 C_1 と円 C_2 がある．
$$\begin{cases} C_1: x^2+y^2-9=0 \\ C_2: x^2-2x+y^2-6y-7=0 \end{cases}$$
（1） 円 C_2 の中心の座標と半径を求めよ．
（2） 円 C_1 と円 C_2 の 2 つの交点を通る直線の方程式を求めよ．
（3） 円 C_1 と円 C_2 の 2 つの交点と点 $(-2, -2)$ を通る円の方程式を求めよ．

（釧路公立大，一部略）

2. 放物線 $C: y=ax^2+x-b$（$a \neq 0$）と直線 $y=x$ が 2 つの異なる交点を持つとする．
（1） 2 つの交点を結ぶ線分を直径とする円の方程式を求めよ．
（2） 放物線 C と（1）で求めた円の交点が 4 つあるための条件を求めよ．
（3） （2）の 4 つの交点 (x, y) が $x=py^2+qy+r$ を満たすとき，p，q，r を求めよ．

（名古屋市大（後）・経）

3. a を実数とする．$f(x)=x^3+ax^2+(3a-6)x+5$ について以下の問いに答えよ．
（1） 関数 $y=f(x)$ が極値をもつ a の範囲を求めよ．
（2） 関数 $y=f(x)$ が極値をもつ a に対して，関数 $y=f(x)$ は $x=p$ で極大値，$x=q$ で極小値をとるとする．関数 $y=f(x)$ のグラフ上の 2 点 $P(p, f(p))$，$Q(q, f(q))$ を結ぶ直線の傾き m を a を用いて表せ．

（名大・経）

曲線の束

5 逆手流

① 逆手流とは

　この章では，「逆手流」と「大学への数学」で呼び習わしている手法について解説します．これは，関数の値域を求めるときに用いる手法で，応用例も幅広く数多くありますから，ぜひとも身に付けて欲しい手法です．

例題 1

　$y=2x-1$ で，x の定義域を $-1 \leqq x \leqq 2$ とするとき，y の値域を求めよ．

　普通に解いてみます．
　$x=-1$ と $x=2$ のときの y の値を計算して，$y=-3$，$y=3$ です．1次関数なので，y の値域はこの2つの値に挟まれた区間になります．y の取りうる範囲は，$-3 \leqq y \leqq 3$ となります．
　さて，この問題を「逆手流」の手法で解いてみましょう．それには，
　　ある値が値域に含まれるとはどういうことか
についての考察が必要となります．
　例えば，-1 は y の値域に含まれるでしょうか．$y=-1$ となる x の値を求めてみます．
$$-1 = 2x-1 \qquad \therefore \quad x=0$$
　$y=-1$ を実現する x は 0 となります．しかも，$x=0$ は，x の定義域 $-1 \leqq x \leqq 2$ に含まれています．ですから，-1 は y の値域に含まれます．
　それでは，5 は値域に含まれるでしょうか．$y=5$ となる x の値を求めてみます．
$$5 = 2x-1 \qquad \therefore \quad x=3$$
　$y=5$ を実現する x は 3 となります．しかし，$x=3$ は x の定義域 $-1 \leqq x \leqq 2$ に含まれていません．ですから，$y=5$ は値域に含まれないことになります．
　これら具体例で示したことを，一般的な言い方にしてまとめてみます．上では，

$$k \text{ が } y \text{ の値域に含まれるかどうか}$$

を調べるために，

$y=k$ を実現する x が定義域の中に含まれるか

を考えていました．

そして，

☆ $\begin{cases} k \text{ が } y \text{ の値域に含まれる} \\ \quad \Longleftrightarrow y=k \text{ を実現する } x \text{ の値が定義域に存在する} \end{cases}$

という関係にもとづいて，k が y の値域に含まれるか否かを判断していたのでした．この☆の言いかえが逆手流のポイントとなります．

問題をこれにしたがって，解答してみましょう．

「$y=k$ を実現する x の値」を計算しておきます．

$$k = 2x - 1 \qquad \therefore \quad x = \frac{k+1}{2}$$

☆をこの問題の例にあてはめると，

k が y の値域に含まれる

$$\Longleftrightarrow -1 \leqq \frac{k+1}{2} \leqq 2$$

$$\Longleftrightarrow -3 \leqq k \leqq 3$$

k が y の値域に含まれるのは $-3 \leqq k \leqq 3$ のときですから，これは y の値域が，$-3 \leqq y \leqq 3$ であるということです．普通に解いた解法と同じ答えになりました．なお，普通の解法は，「逆手流」に対して「自然流」と呼ばれています．

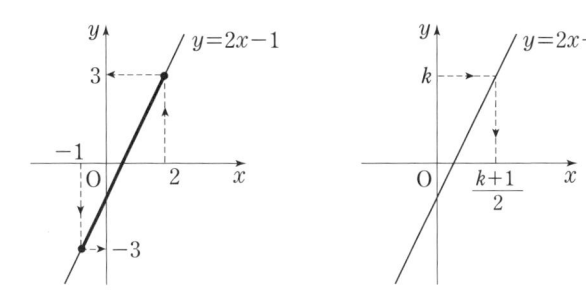

左図が「自然流」，右図が「逆手流」で解くときの様子を表しています．「自然流」では，値域の端の値を求めるとき，「x から y へ」向かって矢印が描かれています．一方，「逆手流」では，$y=k$ を実現する x の値を求めるとき，「y から x へ」向かって矢印が描かれています．「逆手流」では，「自然

流」と矢印の向きが逆になっています．これが「逆手流」の「逆」の由来です．

逆手流のまとめ

y の値域を求めるには，$y=k$ を実現する x が定義域の中に存在するための k の条件を求める．

---

② 分数関数の値域

前の節では，1次関数を扱いました．ここでは分数関数の値域を求める問題に「逆手流」を応用してみましょう．数Ⅲの微分を使って解ける人も，「逆手流」ではどう解くかを考えてみてください．

例題 2

$y=\dfrac{3x+3}{x^2+x+1}$ で，x の定義域をすべての実数とするとき，y の値域を求めよ．

定義域がすべての実数となっていて，例題1のような区間にはなっていないので，値域の方もすべての実数を取りうるような気がしてきます．しかし，$y=x^2$ のように，x がすべての実数を動くとき，y が実数の一部しか動くことができない関数もあります．この問題の場合はどうでしょうか．

逆手流の手順を踏んでみましょう．

「$y=k$ を実現する x の値」を求めるように，式変形していきましょう．
$$k=\dfrac{3x+3}{x^2+x+1} \iff kx^2+(k-3)x+k-3=0 \quad \cdots\cdots①$$
と x の2次方程式になりました．

与式の分母は，
$$x^2+x+1=\left(x+\dfrac{1}{2}\right)^2+\dfrac{3}{4}>0$$
と常に正なので，分母を払っても同値性は崩れないわけです．

この2次方程式の2次の係数 k が0であるか否かで場合分けして考えましょう．

（ア）**$k=0$ のとき**，
$$-3x-3=0 \qquad \therefore \quad x=-1$$

これは実数で，x の定義域に含まれています．

（イ）$k \neq 0$ のとき，

解の公式より，
$$x = \frac{-(k-3) \pm \sqrt{(k-3)^2 - 4k(k-3)}}{2k}$$

となります．

x の定義域は実数でした．ですから，これが実数となる k の条件を求めればよいわけです．右辺が実数となる条件は，$\sqrt{}$ の中身が 0 以上となることです．

したがって，

$y = k$ となる x が定義域に含まれる（実数となる）．

$\iff \dfrac{-(k-3) \pm \sqrt{(k-3)^2 - 4k(k-3)}}{2k}$

　　の少なくとも一方が実数となる

$\iff (k-3)^2 - 4k(k-3) \geqq 0$ ……………………②

$\iff -(k-3)(k+1) \geqq 0$

$\iff -1 \leqq k \leqq 3$

つまり，$-1 \leqq k \leqq 3$，$k \neq 0$ のとき，$y = k$ を満たす x が定義域に含まれます．

（ア），（イ）の場合を合わせて，$y = k$ を満たす x が定義域に含まれるのは，$-1 \leqq k \leqq 3$ のときです．

これから，y の値域は，
$$-1 \leqq y \leqq 3$$
であるとわかります．

一見すると，x には何も制約がないような問題に見えましたが，$y = k$ を満たす x を求める式が 2 次方程式になるので，常に実数解があるとは限らず，x が実数となる条件を用いて k が絞り込めたわけです．

上では，解を実際に書き下しましたが，（イ）では①の 2 次方程式に実数解があるか否かを判別すればよいので，直接①の判別式を求めても構いません．実際，②は①の 2 次方程式の判別式になっています．

この設問のように，扱う関数が 2 次以上と高次になると，$y = k$ を満たす実数 x が存在するか否かが第一関門となってきます．そのような x が制限された定義域の中にあるか否かはその次の問題です．

逆手流　45

関数が高次になる場合や変数の個数が多くなる場合は，「$y=k$ を満たす実数 x が存在するか否か」で k が制限される場合が多いのです．

③ 変数が多くなった場合

この節では変数が多くなった場合を扱います．

例題3

$x+y=X$, $x-y=Y$ とする．x, y が，$-1 \leq x \leq 2$，$-2 \leq y \leq 1$ を満たしながら動くとき，(X, Y) が動く範囲を図示せよ．

---

x, y に対して X, Y を決めるという構造です．逆手流のまとめをこの問題を解くために書き直しておきます．逆手流で解くには，

$X=k$, $Y=l$ を実現する x, y が
$$-1 \leq x \leq 2, \quad -2 \leq y \leq 1 \quad \cdots\cdots ①$$
に含まれるための k, l の条件を求める

ことが目標になります．

逆手流の手順を踏んでみましょう．
「$X=k$, $Y=l$ を満たす x, y」を求めます．
$x+y=k$, $x-y=l$ より，
$$x=\frac{k+l}{2}, \quad y=\frac{k-l}{2}$$
となります．これが定義域に含まれる条件は，
$$-1 \leq \frac{k+l}{2} \leq 2, \quad -2 \leq \frac{k-l}{2} \leq 1$$
$$\iff -2 \leq k+l \leq 4, \quad -4 \leq k-l \leq 2$$
となります．したがって，答えの領域は，
$$-2 \leq X+Y \leq 4, \quad -4 \leq X-Y \leq 2$$
です．これは右のようになります．

ここで，よくある誤答を紹介しましょう．
①より，X の範囲は，
$$(-1)+(-2) \leq x+y \leq 2+1$$
$$\therefore \quad -3 \leq X=x+y \leq 3$$

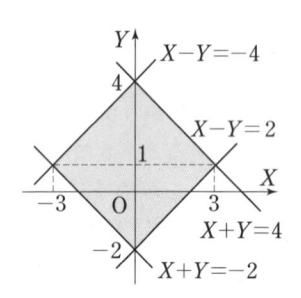

Y の方は，$-1 \leq -y \leq 2$ より，
$$(-1)+(-1) \leq x-y \leq 2+2$$
$$\therefore \quad -2 \leq Y = x-y \leq 4$$
となり，これを図示すると右図のようになります．

正しい答の領域よりも広くなってしまいました．この領域の点 $(2, 4)$ では，これを実現するような x, y は，$x=3, y=-1$ ですが，これは x の方が定義域から外れています．X, Y の範囲をばらばらに求めたのがいけなかったのです．

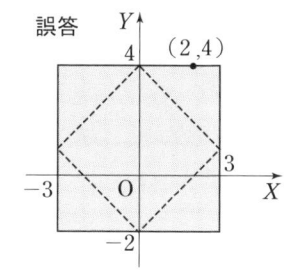

こういう間違いを起こさないためにも，値域や領域を求める問題では逆手流をしっかり使えるようにしたいものです．

さらに変数が多くなった場合を扱ってみましょう．

例題4

実数 x, y, z が
$$x+y+z=9, \quad xy+yz+zx=24$$
を満たすとき，$w=xyz$ の取りうる範囲を求めよ．

実数 x, y, z が 2 式を満たすように動くとき，$w=xyz$ の範囲を求めよという問題です．

逆手流で解くには，

$w=k$ を実現する実数 x, y, z が
$x+y+z=9, \quad xy+yz+zx=24$
の条件のもとで存在するか否か

と考えを進めていきましょう．
$$x+y+z=9, \quad xy+yz+zx=24, \quad xyz=k \quad \cdots\cdots\cdots ①$$
を満たす実数 x, y, z が存在するための k の条件を求めることが目標です．

①を満たす x, y, z を求めるためにはどうしたらよいでしょうか．そのためには，①を満たす x, y, z を解として持つような方程式を立てるとうまくいきます．
$$(t-x)(t-y)(t-z) = t^3 - (x+y+z)t^2 + (xy+yz+zx)t - xyz$$
$$= t^3 - 9t^2 + 24t - k$$
となります．そこで，

$$t^3-9t^2+24t-k=0 \quad \cdots\cdots\cdots\cdots\cdots\cdots\cdots\cdots\cdots\cdots\cdots\cdots\cdots\cdots②$$

という①を満たす x, y, z を解に持つ t の3次方程式を作ります.

②で k をある値に決めたとき,方程式が3つの実数解を持つとします.それらを x, y, z に割り当てると,①の3つの式を満たす実数 x, y, z となります.

実数 x, y, z が存在するための条件は,②が3つの実数解(重解があってもよい)をもつための条件に一致します.

したがって,

　①を満たす実数 x, y, z が存在する

　$\Longleftrightarrow t^3-9t^2+24t-k=0$ が3つの実数解を持つ

　$\Longleftrightarrow t$ と u の連立方程式

　　　$u=t^3-9t^2+24t, \ u=k$

　について t が3つの実数解を持つ

　$\Longleftrightarrow tu$ 座標平面上で,

　　　$u=t^3-9t^2+24t$ (これを $f(t)$ とおく) $\cdots\cdots\cdots\cdots\cdots$ ③

　　　$u=k$ $\cdots\cdots\cdots\cdots\cdots\cdots\cdots\cdots\cdots\cdots\cdots\cdots\cdots\cdots\cdots\cdots\cdots\cdots\cdots\cdots$ ④

　のグラフが3つの共有点(重なってもよい)を持つ

と言い換えて,グラフを補助として用います.

③のグラフを描きましょう.

　　$f'(t)=3t^2-18t+24$
　　　　$=3(t-2)(t-4)$

から, $t=2$ で極大値 20, $t=4$ で極小値 16 を取ることがわかり,③のグラフは右図のようになります.

③と④のグラフが3つの共有点を持つのは, k が $16\leqq k\leqq 20$ を満たすときです.

このことから, w の取りうる範囲は,

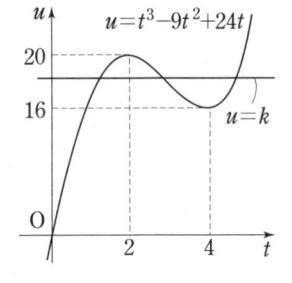

$$16\leqq w\leqq 20$$

と求まります.

例題3までは k や l を用いてそれを実現する変数を表しましたが,例題4の方程式は3次ですから, k によって解を表すことは簡単にはできません.しかし, x, y, z が実数として存在する条件を,グラフの共有点が存在する条件に置き換えることで無事に解くことができました.

④ 軌跡の問題

「逆手流」を軌跡の問題に応用してみましょう．

例題 5

t が $t \geqq 0$ を満たしながら動くとき，
$$tx - y + t = 0 \quad \cdots\cdots\cdots\cdots\cdots ①$$
$$x + ty - 1 = 0 \quad \cdots\cdots\cdots\cdots\cdots ②$$
を満足する点 $P(x, y)$ の軌跡を図示せよ．

初めに問題の構造を把握しておきます．

①，②は，x, y の連立1次方程式になっています．ですから，①，②で t をあるひとつの値に決めると，それに対して点Pの座標 (x, y) がひとつに決まります．t が動くとき，それにつれてPも動いていきます．

このことを踏まえて，逆手流のまとめをこの問題を解くために書き直しておきましょう．

逆手流で解くには，

①，②の式から，$(x, y) = (k, l)$ となる t が存在し，それが 0 以上であるための k, l の条件

を求めることが目標となります．

まずは，x, y に具体的な値を代入して，そのときに t が存在するかを調べてみましょう．

$x = 3$, $y = 4$ とします．

①からは，$4t - 4 = 0$ ∴ $t = 1$

②からは，$2 + 4t = 0$ ∴ $t = -\dfrac{1}{2}$

異なった値が出てきてしまいました．これでは t が存在しません．t が存在するためには，①から求めた t と②から求めた t が一致しなければなりません．この例では，①，②を同時に満たす t は存在しないのです．

調子をつかんだところで，x, y を文字にして解いていきましょう．

①，②の (x, y) に (k, l) を代入して，
$$tk - l + t = 0 \quad \cdots\cdots\cdots\cdots\cdots ③$$
$$k + tl - 1 = 0 \quad \cdots\cdots\cdots\cdots\cdots ④$$

③，④を同時に満たす t が存在し，0 以上であるような k, l の条件を求め

逆手流　49

ましょう．

③から t を求めるときに $k+1$ で割るところが出てくるので，$k+1$ の値が 0 であるか否かで場合分けします．

(ア) $k+1 \neq 0$ のとき

まずは $t \geq 0$ という条件は考えずに，③，④を同時に満たす t が存在するための条件を求めましょう．

$$③ より，\quad t = \frac{l}{k+1} \quad \cdots\cdots\cdots\cdots\cdots\cdots\cdots\cdots\cdots ⑤$$

とできますから，

③，④を満たす t が存在する
$\iff$ ④，⑤を満たす t が存在する

となります．

具体例からもわかるように，(k, l) が与えられたとき，④を満たす t と⑤を満たす t は，それぞれ④の式，⑤の式から別々に求まるものです．④，⑤を同時に満たす t が存在するためには，④から求めた t と⑤から求めた t が一致しなければなりません．

④は t の1次方程式と見ることができます．④，⑤を同時に満たす t が存在するためには，④の解が⑤で求めた t に一致すればよいわけです．すなわち，④の t に⑤の右辺を代入した式が成り立つということです．

⑤を④に代入して，

$$k + \frac{l}{k+1} \cdot l - 1 = 0 \qquad \therefore \quad (k-1)(k+1) + l^2 = 0$$

$$\therefore \quad k^2 + l^2 = 1 \quad \cdots\cdots\cdots\cdots\cdots\cdots\cdots\cdots\cdots ⑥$$

これより，k のとりうる範囲は，

$$k^2 = 1 - l^2 \leq 1, \quad -1 \leq k \leq 1 \quad \cdots\cdots\cdots\cdots\cdots ⑦$$

次に t が定義域に含まれる条件を用います．(ア)と⑦より，$k+1 > 0$ となることに注意して，$t \geq 0$ なので，

$$t = \frac{l}{k+1} \geq 0 \quad \therefore \quad l \geq 0 \quad \cdots\cdots\cdots\cdots\cdots ⑧$$

(ア)の条件と⑥，⑧より，

$$k + 1 \neq 0 \quad かつ \quad k^2 + l^2 = 1 \quad かつ \quad l \geq 0$$

(イ) $k+1 = 0$ のとき

③，④は，$-l = 0,\ tl - 2 = 0$

これは，$-2 = 0$ となり矛盾します．ですから，③，④を同時に満たす t

は存在しません．

（ア），（イ）より，$(x, y)=(k, l)$ となる t が存在し，$t \geq 0$ となるための k, l の条件は，

$$k+1 \neq 0 \quad \text{かつ} \quad k^2+l^2=1 \quad \text{かつ} \quad l \geq 0$$

です．

つまり，P の動きうる範囲は，

$$x^2+y^2=1,$$
$$y \geq 0, \quad x \neq -1$$

となります．

これを図示すると，右のようになります．

もしもこの問題を解くとき，逆手流を用いないとすると，x, y を t で表し $x(t), y(t)$ としてから t を消去することになりずいぶんと遠回りです．逆手流の恩恵に与(あずか)れる一問と言えましょう．

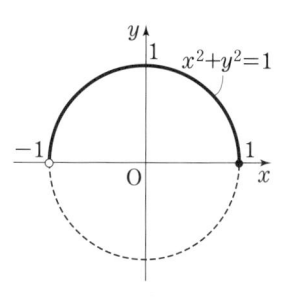

練習問題 ▶解答は p.127

1. 実数 x, y が $x^2+2y^2-4y=2$ をみたすとき $x+4y^2-8y$ の最大値，最小値を次の手順で求めよ．
　（1）　$x+4y^2-8y$ を x で表せ．
　（2）　x のとりうる値の範囲を求めよ．
　（3）　$x+4y^2-8y$ の最大値，最小値を求めよ．

（類　広島電機大）

2. 実数 x, y が $x^3+y^3=3xy$ を満たすとき，$x+y$ のとり得る値の範囲を求めよ．

（岡山県大(中)）

3. xy 平面の原点を O とする．xy 平面上の O と異なる点 P に対し，直線 OP 上の点 Q を，次の条件(a)，(b)を満たすようにとる．
　（a）　$OP \cdot OQ = 4$
　（b）　Q は，O に関して P と同じ側にある．
　点 P が直線 $x=1$ の上を動くとき，点 Q の軌跡を求めて，図示せよ．

（大阪市大・理，工，医／一部省略）

逆手流

6 線形計画法

　この章では，2変数 x, y で表された式の最大最小を求める問題の中でも「線形計画法」と呼ばれる解法を説明しておきましょう．

例題1

　点 (x, y) が連立不等式
　　$x \geq 0$, $y \geq 0$, $3x+4y \leq 20$, $2x+y \leq 10$
の表す領域 D を動くとき，$x+y$ は点 (a, b) で最大値をとる．このとき，$(a, b)=\boxed{}$ であり，最大値は $\boxed{}$ である． （名城大）

　まずは，不等式が表す領域 D を図示してみましょう．
　図示すると右図のようになります． 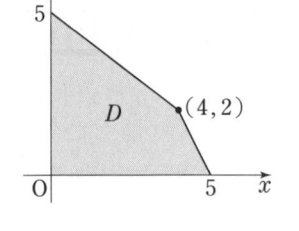
　この領域 D に含まれる点 (x, y) に関して，$x+y$ が最大となるときを聞かれています．
　最大になるときを考える前に，
　　$x+y=k$ 　（k は定数）　……①
が，xy 座標平面で表しているものについて確認しておきましょう．
　例えば，$x+y=2$ について考えてみます．
　$x+y=2$ を満たす点 (x, y) を座標平面上にとると，直線になります．
　逆に，この直線上にある点（座標を (a, b) とする）について，$a+b$ を計算すると2になります．つまり，この直線上の点の x 座標（x）と y 座標（y）は，$x+y=2$ を満たします．
　いま，不等式が表す領域 D に $x+y=2$ を重ね合わせて描いてみましょう． 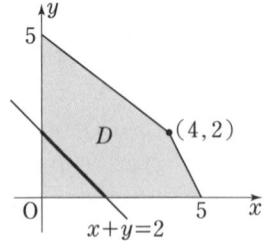
　すると，右図の太線の部分の点 (x, y) は，問題の不等式を満たし，かつ $x+y=2$ を満たす点です．
　領域 D の中でも，太線の部分にある点

(x, y) は，$x+y=2$ を満たすのです．

この例では 2 でしたが，2 を k に置き換えれば次のようにまとめることができます．

> 領域 D と $x+y=k$ の共有部分があれば，
> 領域 D の中に $x+y=k$ を実現する点 (x, y) が存在する ………☆

ですから，$x+y=k$ の k が最大となるときを探すには，領域 D と $x+y=k$ が共有点を持つような k のうち最大のものを求めればよいのです．

次に，k を動かして考えてみましょう．

まずは①を変形すると，

$$y=-x+k$$

となります．このことから，①は傾き -1，y 切片 k の直線を表すことが分かります．

k を具体的にして，xy 平面上に描くと右のようになります．k が 1，2，3，4 の場合を描いてみました．これらは，傾きが -1 で一定ですから，すべて平行になります．

k を動かすとき，①が表す直線は平行移動するのです．

k の値が大きいものは上方に，小さいものは下方にあります．

ここで，k を大きい方から小さい方へ変化させましょう．このとき，①が表す直線は上から降りてくるように動きます．

k が大きいほど直線は上方にあるのですから，直線を上から降ろしてきて，初めてコツンと領域 D に当たったところが，$x+y$ が最大となる点なのです．

上から降りてきた直線は，どこで領域 D と初めて出会うのでしょうか．

結論から言うと，$(4, 2)$ の点で初めて，$x+y=k$ は領域 D の点に出会います．

このときの様子を描くと右図のようになります．降りてきた直線が領域 D と初めて接触した瞬間です．このときの k は，$k=4+2=6$ となります．$x+y$ の最大値は **6** となるのです．

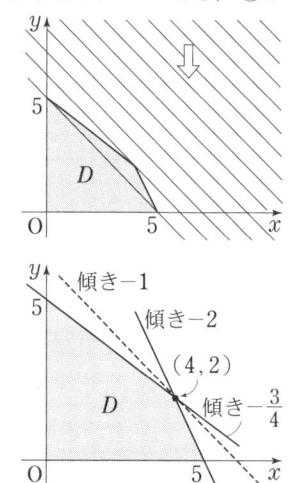

線形計画法

降りてきた直線と領域 D が初めて接触する点が $(4, 2)$ であることを知るためには，$x+y=k$ の傾き -1 と領域の境界を表す 2 直線の傾きを比べなければなりません．

$(4, 2)$ を通る 3 本の直線を見てください．領域の境界を表す 2 直線の間に，$x+y=k$ が表す直線が挟まれていることに気づきます．

傾きで確認すれば，
$$-2<-1<-\frac{3}{4}$$
となっているわけです．$x+y=k$ の傾き -1 が，境界を表す直線の傾き -2，$-\frac{3}{4}$ の間に挟まれているので，前図のようになるのです．

もしも傾き $-\frac{1}{2}$ の直線が平行移動して上から降りてくるのであれば，初めて領域 D と接触する点は右図のように $(0, 5)$ になります．傾き $-\frac{3}{4}$ よりも傾きが緩やかだからです．

また，もしも傾き -3 の直線が平行移動して上から降りてくるのであれば，初めて領域 D と接触する点は右図のように $(5, 0)$ になります．傾き -2 よりも傾斜がきついからです．

このように 1 次不等式で表される領域の点について，式の値の最大最小を求める問題を「線形計画法」の問題と言います．

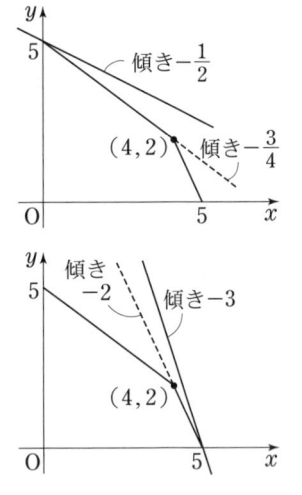

線形とは，数学では "1 次" ということを表していますから，「線形計画法」と言えば，原義的には領域を表す式や最大最小の値を求める式が 1 次式の場合についての問題解決法を表します．

ただ，式が 2 次式の場合でも，共有部分を考える「線形計画法」のエッセンスを用いるものについては，この呼び方を援用することがあります．

ところで，前頁の☆のところの記述をもう一度読んでください．ピンと来た方もいるかもしれません．そう，5 章の逆手流の考え方と同じですね．線形計画法には，逆手流の考え方が使われています．

次の問題は，領域を表す条件式に 2 次のものが入っている場合です．

例題2

点 (x, y) が連立不等式 $y \geq x^2$, $x+y \leq 2$ で表される領域 D 内を動くとき, $2x+y$ の最大値・最小値を求めよ. (信州大)

領域を表すと右図のようになります．条件式に 2 次式が現れていますから，領域の境界に曲線（放物線）が現れるわけです．

領域の形が異なるだけで，例題 1 のときと解き方は同じです．

今度は，$2x+y=k$ とし k を変化させることで，この式が表す直線を動かして考えます．

$2x+y=k$ の k が最大・最小となるときを探すには，領域 D と直線 $2x+y=k$ が共有点を持つような k のうち，最大のものと最小のものを求めればよいのです．

$2x+y=k$ は，$y=-2x+k$ と書くことができますから，k が大きければ直線は上方にあり，小さければ直線は下方にあります．

図から考えて，直線 $2x+y=k$ が $(1, 1)$ を通るときに，k が最大となることはよいでしょう．このときの k は，$k=2 \cdot 1+1=3$ と求まります．

問題は最小のときです．

下図のアのように $(-2, 4)$ を通るときに最小となるのか，イのように放物線と接するときに最小となるのか，図の上だけからでは判断が付きません．

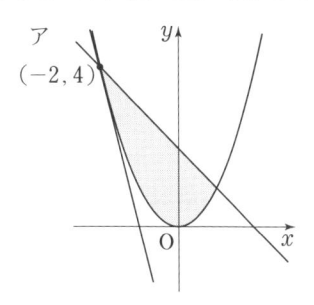

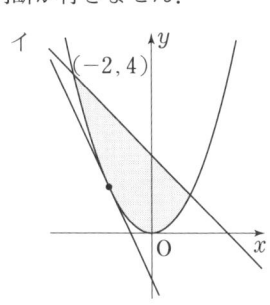

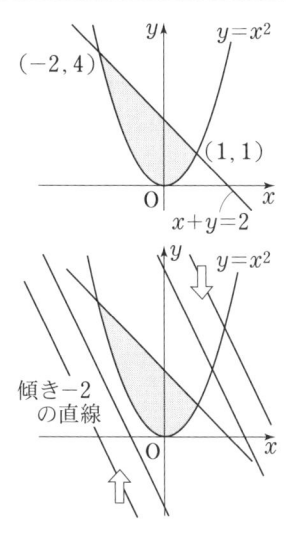

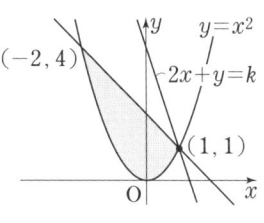

線形計画法

計算で確認してみましょう．そのためには，$y=x^2$ のグラフの $(-2, 4)$ での傾きを調べてみます．$y=x^2$ を微分して，$y'=2x$．$(-2, 4)$ での傾きは $y'=2\cdot(-2)=-4$ です．一方，$y=-2x+k$ の傾きは -2 なので，アのようにはならないことが分かります．k の値が最小となるのは，イのように直線が放物線に接するときなのです．

さて，このときの k の値を求めてみましょう．

まず，直線と放物線の接点を求めます．直線の傾きが -2 なので，$2x=-2$ より，$x=-1$

接点の座標は，$(-1, 1)$ です．直線がこの点を通るので，k の値は，$k=2\cdot(-1)+1=-1$ と求まります．

$2x+y$ は，
$$x=1,\ y=1 \text{ のとき，} \textbf{最大値 3}$$
$$x=-1,\ y=1 \text{ のとき，} \textbf{最小値 } -1$$
を取ります．

練習問題 ▶解答は p.130

1. 次の連立不等式を満たす (x, y) の集合を D とする．
$$x+y\geq 8,\ x-2y\leq 2,\ x+3y\leq 22$$
(1) 座標平面において，D を表す領域を図示しなさい．
(2) m は定数とする．(x, y) が領域 D を動くとき，$mx+y$ の最大値，最小値をそれぞれ m で表しなさい． （東京理科大・経営）

2. 実数 $x,\ y,\ z$ は $x\leq y\leq z\leq 1$ かつ $4x+3y+2z=1$ をみたすとする．
(1) xy 平面上に点 (x, y) の存在範囲を図示せよ．
(2) $3x-y+z$ の値の範囲を求めよ． （北大・理系，改題）

3. 連立不等式
$$y\geq 0,\ x+y\leq 4,\ 2x+y\leq 6,\ y-3x\leq 12$$
が表す領域を D とする．次の問いに答えよ．
(1) 領域 D を図示せよ．
(2) 点 (x, y) が領域 D にあるとき，$4x-y$ の最大値と最小値を求めよ．また，そのときの $x,\ y$ の値を求めよ．
(3) 点 (x, y) が領域 D にあるとき，$2y-x^2$ の最大値と最小値を求めよ．また，そのときの $x,\ y$ の値を求めよ． （同志社大・神，経）

7 通過領域

この章では，座標平面上の図形の通過する領域を求める問題を解いてみましょう．

① 直線の通過領域

目標は(4)です．順に積み上げていきましょう．

例題1

t を実数とする．直線
$$l_t : y = 2tx - t^2$$
について以下の問いに答えよ．
(1) $(2, 3)$ を通るような l_t を求めよ．
(2) $(2, 5)$ を通るような l_t が存在するかどうか，判定せよ．
(3) t が実数全体を動くとき，直線 l_t が通過する領域を図示せよ．
(4) t が $0 \leq t \leq 2$ を満たして動くとき，l_t が通過する領域を図示せよ．

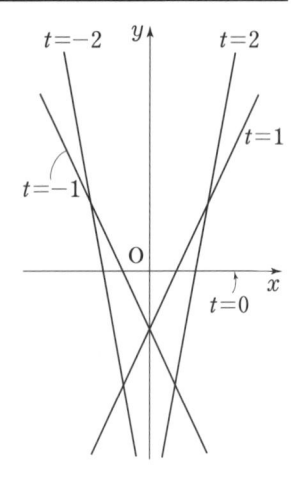

l_t の式で t に具体的な値を代入すると，座標平面上の具体的な直線を表します．

t に具体的な値を代入し，そのときの l_t を座標平面上に示すと右図のようになります．

$$l_t : y = 2tx - t^2 \quad \cdots\cdots\cdots\cdots\cdots ①$$

(1) l_t が $(2, 3)$ を通るということは，①で，$x = 2, y = 3$ としたときに，①が成り立つということです．①で，$x = 2, y = 3$ とすると，
$$3 = 2t \cdot 2 - t^2 \quad \therefore \quad t^2 - 4t + 3 = 0$$
と，t の2次方程式になります．これを解いて，
$$(t-1)(t-3) = 0 \quad \therefore \quad t = 1, 3$$

$t=1$ のとき, $l_1: \boldsymbol{y=2x-1}$
$t=3$ のとき, $l_3: \boldsymbol{y=6x-9}$
と $(2, 3)$ を通るような l_t は 2 本あります.
(2) 同様に, ①で, $x=2$, $y=5$ とします. すると,
$$5=2t\cdot 2-t^2 \quad \therefore \quad t^2-4t+5=0 \quad \cdots\cdots\cdots\cdots\cdots\cdots ②$$
$$t=2\pm\sqrt{2^2-5}=2\pm i$$
と, 今度は解が虚数になってしまいました.
②を満たす実数が存在しないので, $(2, 5)$ を通る l_t は**存在しません**.
(3) 「直線 l_t が通過する領域」を問われていますが, 座標平面上の各点ごとに, その点を通る直線 l_t が存在するか否かを考えていきます. そのような直線が存在すれば, その点は「直線 l_t が通過する領域」に含まれています. 存在しなければ, 「直線 l_t が通過する領域」には含まれません.
(1), (2) で見たように, 座標平面上の点について, その点を通るような l_t が存在するか否かを知るには, その点の座標を①に代入し, そうしてできた t の 2 次方程式について,

☆ $\begin{cases} 実数解があれば, その点を通る l_t が存在する \\ 実数解がなければ, その点を通る l_t が存在しない \end{cases}$

と判断していきます.
いま, 座標平面上の一般の点 $P(X, Y)$ について, この点を通るような l_t が存在するか否かを考えてみましょう.
①で, $x=X$, $y=Y$ とします.
すると,
$$Y=2Xt-t^2 \quad \therefore \quad t^2-2Xt+Y=0 \quad \cdots\cdots\cdots\cdots\cdots\cdots ③$$
この t の 2 次方程式に実数解が存在するか否かを調べましょう. そのためには, ③の判別式を考えます.
$$D/4=X^2-Y$$
です. ☆と合わせて今までの記述をまとめると,
$D/4=X^2-Y\geqq 0$
 $\iff t$ の 2 次方程式③の実数解がある
 $\iff P(X, Y)$ を通る l_t が存在する
 $\iff P(X, Y)$ が l_t の通過領域に含まれる
となります.
つまり, l_t の通過領域は,

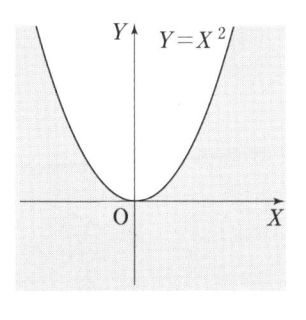

$$X^2-Y \geqq 0 \quad \therefore \quad X^2 \geqq Y$$

です．これを図示すると前頁の図の網目部（境界を含む）のようになります．

（4） 今度は，t に制限がつきました．（3）では，単に2次方程式③の実数解があるか否かを調べればよかったのですが，この設問では，③に実数解があるだけでなく，それが $0 \leqq t \leqq 2$ の中にあるか否かまで吟味しなければなりません．

すなわち，この設問では，

★ $\begin{cases} t \text{の2次方程式③の実数解が，} \\ 0 \leqq t \leqq 2 \text{ の範囲に少なくとも一つある} \end{cases}$

ような X，Y の条件を求めることになります．

本格的な"解の配置"の問題です．

③が実数解を持つので，

$$X^2 \geqq Y \quad \cdots\cdots\cdots\cdots\cdots\cdots\cdots\cdots\cdots\cdots\cdots ④$$

という条件のもとで考えます．

③の左辺を $f(t)$ とおいて，$f(t) = t^2 - 2Xt + Y$ とします．$u = f(t)$ のグラフも補助に考えましょう．実数解を持つのでグラフは t 軸と交わります．よって頂点の u 座標は0以下，つまり $f(X) \leqq 0$ です．

$u = f(t)$ の軸（$t = X$）の位置で場合分けします．

X が，t の定義域から外れる場合，定義域の中でも，真ん中（$t = 1$）より左にある場合，右にある場合に分けます．

（ア） $X \leqq 0$ 　　　　　　（イ） $0 \leqq X \leqq 1$

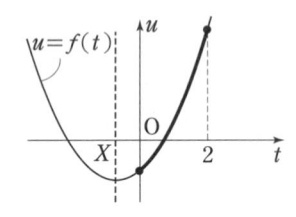

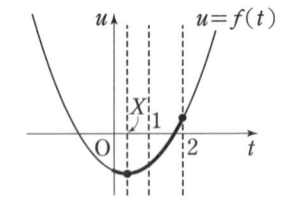

（ウ） $1 \leqq X \leqq 2$ 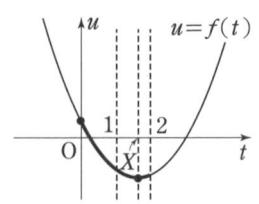 　　　　　（エ） $2 \leqq X$

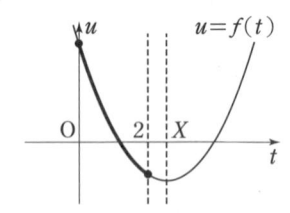

(ア) $X \leq 0$ のとき,
　　$f(0) \leq 0$ かつ $f(2) \geq 0$　　∴　$Y \leq 0$ かつ $4-4X+Y \geq 0$
(イ) $0 \leq X \leq 1$ のとき,
　　$f(2) \geq 0$　　∴　$4-4X+Y \geq 0$
(ウ) $1 \leq X \leq 2$ のとき,
　　$f(0) = Y \geq 0$　　∴　$Y \geq 0$
(エ) $2 \leq X$ のとき,
　　$f(0) \geq 0$ かつ $f(2) \leq 0$
　∴　$Y \geq 0$ かつ $4-4X+Y \leq 0$

④のもとで，これらを図示すると，右図網目部（境界を含む）のようになります．

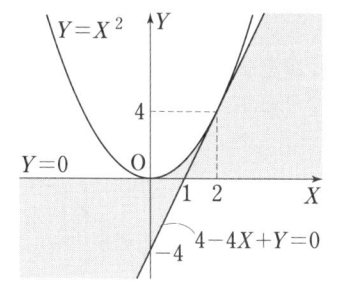

例題1の手法をまとめておくと，
「平面上の各点ごとに，その点を l_t 上の点として実現できるような t があるかを考えて，通過領域の点であるか否かを判定する．」
となります．

ここで5章を学習されてその内容をよく理解している方はピンと来ていることと思います．そうですね．

(X, Y) の点が答えの領域に含まれるか否かを，それを実現する t の存在条件に置き換えて判断するというのは，「逆手流」の考え方なんです．

この手の通過領域の問題を解くときでも，逆手流は有効です．

例題2

t を実数とする．直線
$$l_t : y = 2tx - t^2$$
について以下の問いに答えよ．
(1) t が実数全体を動くとき，直線 $x=2$ と l_t の交点が存在する範囲を図示せよ．
(2) k を実数とする．t が実数全体を動くとき，直線 $x=k$ と l_t の交点が存在する範囲を図示せよ．
(3) t が実数全体を動くとき，l_t が存在する領域を図示せよ．
(4) t が $0 \leq t \leq 2$ を満たして動くとき，l_t が存在する領域を図示せよ．

通過領域

$$l_t : y = 2tx - t^2 \quad \cdots\cdots\cdots\cdots\cdots\cdots\cdots\cdots\cdots\cdots\cdots\cdots ①$$

(**1**) 直線 $x=2$ と l_t の交点の y 座標は，①で $x=2$ として，$y=4t-t^2$ です．平方完成すると，
$$y = 4t - t^2 = -(t-2)^2 + 4$$
となりますから，t が実数全体を動くとき，y は，$y \leq 4$ の範囲を動くことになります．

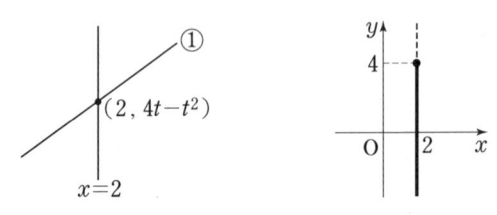

(**2**) 具体的な数 2 が一般の k になっただけです．

直線 $x=k$ と l_t の交点の y 座標は，①で $x=k$ として，$y=2kt-t^2$ です．平方完成すると，
$$y = 2kt - t^2 = -(t-k)^2 + k^2$$
となりますから，t が実数全体を動くとき，y は，$y \leq k^2$ の範囲を動くことになります．

このことから，$x=k$ に限って言えば，l_t の通過部分は，
$$x=k, \ y \leq k^2 \quad \cdots\cdots\cdots\cdots\cdots\cdots\cdots\cdots\cdots\cdots ②$$
という半直線になります．

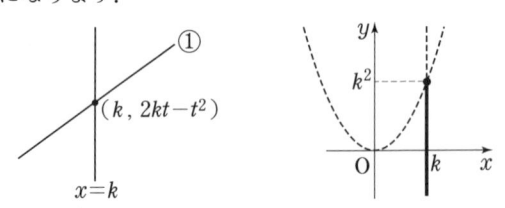

端点は $(k, \ k^2)$ で，これは $y=x^2$ 上の点です．②は，直線 $x=k$ 上で $y \leq x^2$ を満たす部分であると捉えることができます．

（**3**）（2）の k を動かして考えましょう.
l_t の通過部分は k ごとに, $x=k$ 上で $y \leq x^2$ を満たす部分であったので, k を動かして考えていくと, l_t の通過領域は, $y \leq x^2$ を満たす (x, y) 全体となります（右図網目部, 境界を含む）.

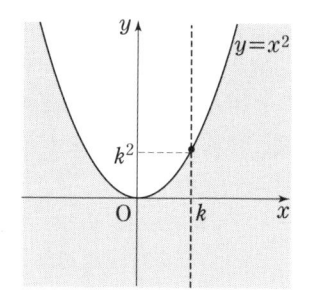

（**4**） t に制限がついていますが, $x=k$ に限定し通過部分を求めていくことには変わりません.
$0 \leq t \leq 2$ で
$$y = 2kt - t^2 = -(t-k)^2 + k^2 \quad \cdots\cdots\cdots ③$$
が取りうる範囲を求めましょう. これを $f(t)$ とします.

t の2次関数③のグラフの頂点が (k, k^2) ですから, k の値によって場合分けします. グラフを参考にして場合分けすると次のようになります.

k が, t の定義域（$0 \leq t \leq 2$）から外れる場合, 定義域の中でも, 真ん中（$t=1$）より左にある場合, 右にある場合に分けます.

（ア） $k \leq 0$　　　　　　　　（イ） $0 \leq k \leq 1$

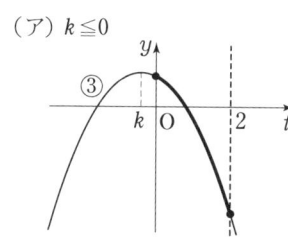

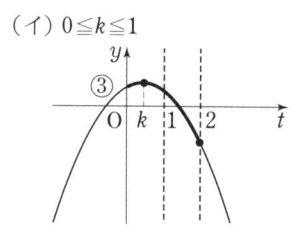

（ウ） $1 \leq k \leq 2$ 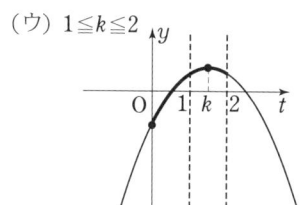　　　　　　（エ） $2 \leq k$

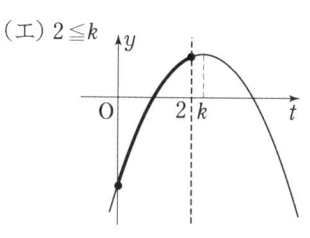

y の取りうる範囲は, それぞれ,
（ア） $k \leq 0$ のとき, 　　$f(2) \leq y \leq f(0)$ 　　∴ $4k-4 \leq y \leq 0$
（イ） $0 \leq k \leq 1$ のとき, $f(2) \leq y \leq f(k)$ 　　∴ $4k-4 \leq y \leq k^2$
（ウ） $1 \leq k \leq 2$ のとき, $f(0) \leq y \leq f(k)$ 　　∴ $0 \leq y \leq k^2$
（エ） $2 \leq k$ のとき, 　　$f(0) \leq y \leq f(2)$ 　　∴ $0 \leq y \leq 4k-4$

通過領域

これを図示していきましょう．

例えば，(イ)は，k が $0 \leq k \leq 1$ を満たすとき，l_t の通過部分は，直線 $x=k$ 上の $4k-4 \leq y \leq k^2$ を満たす線分上にあるということです．線分の端点は，$(k, 4k-4)$ と (k, k^2) です．これは，それぞれ，$y=4x-4$，$y=x^2$ 上の点です．

このことから，通過部分の線分は，直線 $x=k$ 上で $y=4x-4$ と $y=x^2$ の間にある部分です．

このように解釈して(ア)〜(エ)の結果を図示すると，右図のようになります．

無事，例題1と同じ結果になりました．

場合分けが多くて煩雑でしたが，2章「$m(a), M(a)$ のグラフ」で学習した，最大値と最小値の候補を書き出して，それらを比べるという手法を使えば，次のように見通しよく解くことができます．

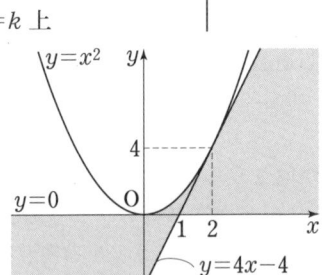

$0 \leq t \leq 2$ で
$$y = 2kt - t^2 = -(t-k)^2 + k^2 \quad \cdots\cdots ③$$
が取りうる範囲を求めます．

最大値・最小値の候補を挙げてみましょう．

まずは，t の定義域の両端での値，
$$f(0)=0, \quad f(2)=4k-4$$
が挙げられます．また，2次関数③のグラフの頂点の y 座標
$$f(k)=k^2$$
については，頂点 (k, k^2) が定義域 $0 \leq t \leq 2$ にあるとき，すなわち $0 \leq k \leq 2$ のときに採用することにします．なお，頂点が参加するときはそこで必ず最大値をとります．

通過領域を求めるには，
「$y=0$」，「$y=4x-4$」と「$y=x^2 \ (0 \leq x \leq 2)$」
のグラフを描き，これらのグラフのうち，最大のものと最小のものの間に挟まれた部分が求める領域となるのです．

例題2の手法をまとめておくと，
「$x=k$ 上での通過部分を求め，次に k を動かして，平面全体での通過領域を求める．」

となります．

　このような手法を「ファクシミリの原理」と言います．

　なぜ，そう呼ばれているかといえば，FAX機が図像を転送するときのしくみにこの手法がよく似ているからなのです．

　FAX機は，送信側で用紙に描かれた図像を読み取るとき，キャベツの微塵切りのように，図像をタテに細長い短冊状に分解して読み取っていきます．

　受信側では，今度はそれら短冊状の領域について読み取った情報をつなぎ合わせることで図像を復元します．

　求める領域を $x=k$ ごとに分解して求め，あとで k を動かして領域全体を求めるところが，図像を短冊状に分解して捉え，あとでそれらをつなぎ合わせるFAXの転送原理に似ているわけです．

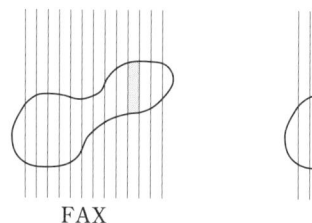

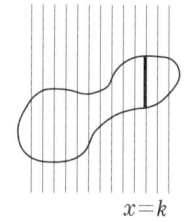

　ところで，みなさんは，例題1，2の結果から，直線 l_t がどのように動いているかを想像することができますか．実は，直線 l_t は放物線 $y=x^2$ に接しながら動いています．確かめてみましょう．

　連立方程式
$$y=x^2,\ y=2tx-t^2$$
を解くと，　$x^2=2tx-t^2$　∴　$(x-t)^2=0$
　　　　　∴　$x=t$（重解）

となります．つまり，$y=2tx-t^2$ は，$y=x^2$ に $x=t$ で接しています．直線 l_t は，$y=x^2$ の $x=t$ での接線だったんですね．

　このことが分かると，(4)の直線 l_t の通過領域は，$y=x^2$ の接線の接点を $x=0$ から $x=2$ まで動かしたときの接線の通過領域になっていることが分かります．

　このように，直線（や曲線）の通過領域を求める問題では，動かす直線（や曲線）が，ある曲線（この場合は $y=x^2$，往々にして求めた領域の境界）に沿って動いているという状況が頻繁に現れます．

通過領域　　65

モニターさんにこの問題を解いてもらったところ，ケアレスミスで，不等号の向きを逆向きにしまい，解答とは異なる領域を図示してしまいました．

そもそも直線が動くときは，答えの領域が $y \geq x^2$ のような直線が入り切らない領域になるわけはありません．網目部の1点を通る直線を引くと，領域からはみ出してしまうからです．

式計算におぼれることなく，問題の設定に立ち返り，全体を捉えることは，他の問題を解くときでも有効です．

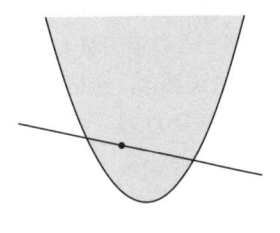

応用として，t の3次式になっている直線の式の通過領域を求めましょう．

例題3

t が $0 \leq t$ を満たして動くとき，直線
$$l_t : y = 3t^2 x - 2t^3$$
が存在する領域を図示せよ．

例題1，例題2で，通過領域を求める問題の2つのアプローチ，「逆手流」「ファクシミリの原理」を紹介しました．例題3は，どちらのアプローチを採用すればよいでしょうか．

例題1のアプローチを採用すれば，この問題は"3次方程式の解の配置の問題"，例題2のアプローチを採用すれば，"3次関数の値域を求める問題"となります．

値域を求める問題の方が簡単そうですね．

例題2の解法を真似てみましょう．

　　　「$x=k$ 上での通過部分を求め，次に k を動かして，
　　　　平面全体での通過領域を求める．」

ことにしましょう．
$$l_t : y = 3t^2 x - 2t^3 \quad \cdots\cdots\cdots\cdots\cdots\cdots\cdots\cdots\cdots ①$$
①と $x=k$ の交点の y 座標は，①で $x=k$ として，$y = 3kt^2 - 2t^3$（右辺を $f(t)$ とおく）です．

$0 \leq t$ のとき，この3次式の値域を求めましょう．

極値を調べるために $f(t)$ を微分します．
$$f'(t) = 6kt - 6t^2 = 6t(k-t)$$

k の値によって 3 つの場合に分けられます．

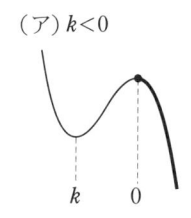

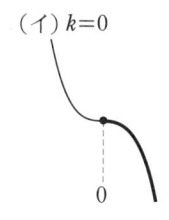

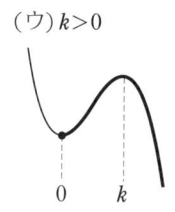

(ア) $k<0$　　(イ) $k=0$　　(ウ) $k>0$

これより，y の値域は，
(ア)　$k<0$ のとき，
　　$y \leqq f(0)$　∴　$y \leqq 0$
(イ)　$k=0$ のとき，
　　$y \leqq f(0)$　∴　$y \leqq 0$
(ウ)　$k>0$ のとき，
　　$y \leqq f(k)$　∴　$y \leqq k^3$

ここで，k を動かして考えれば，①の通過領域は右図網目部（境界を含む）のようになります．

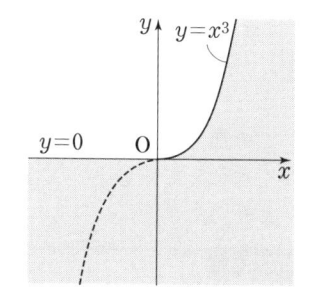

練習問題　▶解答は p.134

1. k を実数とするとき，方程式
　　$C_k : x^2+y^2+x+(2k+1)y+k^2+1=0$
を考える．
(1)　C_k が円（点も含める）を表すような k の範囲を求めよ．
(2)　k が(1)の範囲を動くとき，C_k が表す図形が通過する領域を求め，それを図示せよ．
　　　　　　　　　　　　　　　　　　　　　　　（類　東京理科大）

2. O を原点とする xy 平面において，直線 $y=1$ の $|x| \geqq 1$ を満たす部分を C とする．
(1)　C 上に点 $\mathrm{A}(t, 1)$ をとるとき，線分 OA の垂直二等分線の方程式を求めよ．
(2)　点 A が C 全体を動くとき，線分 OA の垂直二等分線が通過する範囲を求め，それを図示せよ．
　　　　　　　　　　　　　　　　　　　　　　　（筑波大）

通過領域

8 余事象・和事象の確率

この章では,「言いかえ」を用いて解く確率の問題を扱っていきます.事象を言いかえるには,「論理と命題」の事項が役に立ちます.

① 余事象の利用

この節では,どういう場合に余事象やそれと似た考え方を用いるとよいのかを確認していきましょう.なお,(6)は(7)のための誘導で,余事象は用いません.

例題 1

大中小3つのサイコロを投げる.大,中,小の出た目の数をそれぞれ a, b, c とするとき,以下の確率を求めよ.
(1) $a+b+c \leq 15$ になる確率.
(2) a, b, c のうちの少なくとも1つが2である確率.
(3) $(a-b)(b-c)(c-a)=0$ となる確率.
(4) abc が3の倍数になる確率.
(5) a, b, c のうちの最大が4以上になる確率.
(6) a, b, c のうちの最大が4以下になる確率.
(7) a, b, c のうちの最大が4になる確率.

まずは,用語の確認をしておきましょう.

事象 A に対して,「A が起こらない」という事象を A の余事象といい,$\overline{A}$ で表します.

このとき,
$$P(\overline{A})=1-P(A)$$
が成り立つと教科書には書いてあります.ただ,問題を解くには,$P(A)$ と $P(\overline{A})$ を入れ替えて,

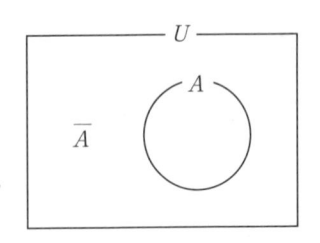

$$P(A) = 1 - P(\overline{A})$$

の形にして用います．つまり，事象 A の確率を求めるために，その余事象 $\overline{A}$ の確率を求め，全確率の1から引くのです．

（**1**）　出た目の和は，$3(=1+1+1)$ から $18(=6+6+6)$ まで，16種類考えられます．和が15以下の場合は，このうちの13種類になります．この13種類をすべて数え上げるには手間がかかります．

一方，「和が15以下」でない場合，つまり，「和が16以上」である場合は，16，17，18と3種類です．ですから，こちらの場合の確率を求めて，全確率（$=1$）から引けばよいのです．

このように，求める確率の事象を数え上げるとき，場合分けをして種類が多くなる場合には，余事象を考えて種類の少ない方に着目するのがポイントです．

「和が15以下」である場合を事象 A とすると，「和が16以上」である場合は A の余事象 $\overline{A}$ となります．

$\overline{A}$ である場合を数え上げましょう．

- 和が16である場合

  サイコロの目の組合せは，$\{5, 5, 6\}$，$\{4, 6, 6\}$．

  $\{5, 5, 6\}$ のとき6が出るのが大中小のどれかを考えて3通り．

  $\{4, 6, 6\}$ も同じく3通り．

- 和が17である場合

  サイコロの目の組は，$\{5, 6, 6\}$．

  5が出るのが大中小のどれかを考えて3通り．

- 和が18である場合

  サイコロの目は，$\{6, 6, 6\}$ で，1通り．

したがって，

$$P(\overline{A}) = \frac{3+3+3+1}{6^3} = \frac{10}{216} = \frac{5}{108}$$

求める確率は，

$$P(A) = 1 - P(\overline{A}) = 1 - \frac{5}{108} = \boldsymbol{\frac{103}{108}}$$

（**2**）　「少なくとも1つ2の目が出る」場合，2の目が出る個数は，1個，2個，3個と3種類の場合がありえます．

余事象・和事象の確率

一方,「少なくとも1つ2の目が出る」の否定をとると,「a, b, cのどれもが2でない」となり, 2の目が出る個数は0個で1種類です. そこで, これらのうち, 種類の少ない場合の確率を求めて, 全確率（=1）から引きます.

この問題のように, 問題文に「少なくとも」というキーワードがあると, 余事象の考え方が使える場面が多くあります.「少なくとも」という言葉が入った条件の否定は, これから先何度も出てきますから, ここでしっかり確認しておきましょう.

「少なくとも1つが○○である」
　　否定 ⇩
「どれもが○○でない」

となります.

「少なくとも1つ2の目が出る」事象をAとすると, その余事象$\overline{A}$は,「2の目が1つも出ない」, すなわち

「a, b, cのどれもが2でない」

となります.

1個のサイコロで2の目が出ない確率は$\dfrac{5}{6}$ですから,

$$P(\overline{A}) = \left(\dfrac{5}{6}\right)^3$$

求める確率は,

$$P(A) = 1 - P(\overline{A}) = 1 - \dfrac{125}{216} = \boldsymbol{\dfrac{91}{216}}$$

（3）与えられた条件式を言い換えておきましょう.

$(a-b)(b-c)(c-a) = 0$
$\iff \underline{a-b, b-c, c-a \text{の少なくとも1つが0}}_{①}$

となります.「少なくとも」というキーワードが出てきました. 余事象を使いましょう.

「$(a-b)(b-c)(c-a) = 0$」となる事象をAとすると, 余事象$\overline{A}$は, ①の条件の否定をとって,

$a-b, b-c, c-a$のどれもが0でない
$\iff a-b \neq 0$ かつ $b-c \neq 0$ かつ $c-a \neq 0$
$\iff a \neq b$ かつ $b \neq c$ かつ $c \neq a$

と表現されます. a, b, cのうち, どの2つを取っても異なっている, つま

り a, b, c は 3 個の異なる数です．

1 から 6 までの数から重複なく 3 個の数を取り出すことを考えて，
$$P(\overline{A}) = \frac{{}_6P_3}{6^3} = \frac{6 \cdot 5 \cdot 4}{6^3} = \frac{5}{9}$$

求める確率は，
$$P(A) = 1 - P(\overline{A}) = 1 - \frac{5}{9} = \frac{4}{9}$$

（4） これも言い換えておきます．

　　　abc が 3 の倍数
　$\Longleftrightarrow$ a, b, c のうち少なくとも 1 つが 3 の倍数　②

「少なくとも」というキーワードが出てきました．余事象を用いるとよいことが分かります．

ここで，「abc が 3 の倍数」となる事象を A とすると，余事象 $\overline{A}$ は，②の条件の否定をとって，

　　　a, b, c のどれもが 3 の倍数でない

と表されます．これは，「出る目がすべて 1, 2, 4, 5 のどれか」であるということです．1 個のサイコロを投げて 3 の倍数でない目が出る確率は $\frac{4}{6}$ なので，
$$P(\overline{A}) = \left(\frac{4}{6}\right)^3 = \left(\frac{2}{3}\right)^3 = \frac{8}{27}$$

求める確率は，
$$P(A) = 1 - P(\overline{A}) = 1 - \frac{8}{27} = \frac{19}{27}$$

このように，「積が p の倍数（p は素数）」という条件は，余事象の考えを使うとうまく捌けます．

（5） a, b, c のうちの最大が 4 以上
　$\Longleftrightarrow$ a, b, c のうち少なくとも 1 つが 4 以上　③

そこで，「a, b, c のうちの最大が 4 以上」となる事象を A とすると，余事象 $\overline{A}$ は，③の条件の否定をとって，

　　　a, b, c のすべてが 3 以下

と表されます．1 個のサイコロを投げて 3 以下が出る確率は $\frac{3}{6}$ なので，

余事象・和事象の確率

$$P(\overline{A}) = \left(\frac{3}{6}\right)^3 = \left(\frac{1}{2}\right)^3 = \frac{1}{8}$$

求める確率は,

$$P(A) = 1 - P(\overline{A}) = 1 - \frac{1}{8} = \frac{7}{8}$$

(6) これは余事象を用いる問題ではありません.

a, b, c のうちの最大が 4 以下
$\iff a, b, c$ のすべてが 4 以下

と言い換えると, 求める確率は,

$$\left(\frac{4}{6}\right)^3 = \left(\frac{2}{3}\right)^3 = \frac{8}{27}$$

(7) 余事象の考え方を直接用いるわけではありませんが, 似た考え方を用います.

「a, b, c のうちの最大が 4 以下」となる事象を A,
「a, b, c のうちの最大が 3 以下」となる事象を B とします.

a, b, c のうちの最大は 1 から 6 までの 6 種類考えられます. このうち, 事象 A では, 最大が $1, 2, 3, 4$ のどれかです. 事象 B では, 最大が $1, 2, 3$ のどれかです.

ですから, 最大が 4 となる事象は, A かつ「B でない」事象です.

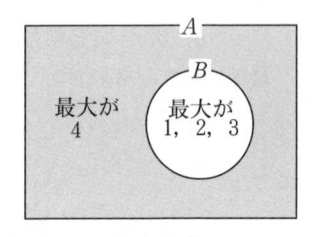

つまり,「最大が 4 以下」かつ「最大が 3 以下でない」確率を求めることになります. いわば, 事象 A を"全体"としたときの B の"余事象"を考えているわけです.

「最大が 4 以下」であることは,「すべての目が $1, 2, 3, 4$ のどれか」と言い換えられますから,「最大が 4 以下」である確率は,

$$P(A) = \left(\frac{4}{6}\right)^3$$

同様に「最大が 3 以下」である確率は,

$$P(B) = \left(\frac{3}{6}\right)^3$$

です. 求める確率は,

$$P(A) - P(B) = \left(\frac{4}{6}\right)^3 - \left(\frac{3}{6}\right)^3 = \frac{64-27}{216} = \frac{37}{216}$$

② 和事象の利用

次に，和事象の考え方を用いる問題を解いていきましょう．本格的な問題を解く前に，易しめの問題で和事象の考え方を確認しておきましょう．

例題 2

A，B，C，D，E の 5 人がプレゼント交換をする．持ち寄ったプレゼントをランダムに配るとき，A または B が自分のプレゼントを受け取ってしまう確率を求めよ．

用語の確認をしておきましょう．

2 つの事象 A，B に対して，「A または B が起こる」事象を和事象といい，$A \cup B$ と表します．

和事象の確率は，
$$P(A \cup B) = P(A) + P(B) - P(A \cap B) \quad \cdots\cdots\cdots ①$$
と計算できます．

「A が起こる確率」と「B が起こる確率」を足し，2 重に数えてしまった「A と B が同時に起こる確率」を 1 回分引いて求めます．

さっそく問題を解きましょう．

5 つのプレゼントを 5 人にランダムに配る配り方は，$5! = 120$（通り）です．これが全事象の場合の数です．

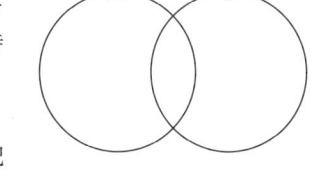

「A が自分のプレゼントをもらう」事象を A，「B が自分のプレゼントをもらう」事象を B とします．

$P(A)$，$P(B)$，$P(A \cap B)$ の値を順に求めましょう．

A が自分のプレゼントをもらうとき，他の 4 人が持ってきた 4 個のプレゼントの配り方は，$4! = 24$（通り）です．

したがって，
$$P(A) = \frac{24}{120}. \quad 同様に，\quad P(B) = \frac{24}{120}$$

$A \cap B$ は，「A も B も自分のプレゼントをもらう」事象を表しています．A も B も自分のプレゼントをもらうとき，残りの 3 人が持ってきた 3 個のプレゼントの配り方は $3! = 6$（通り）です．したがって，

$$P(A\cap B)=\frac{6}{120}$$

求める答えは，これらの値を①に代入して，

$$P(A\cup B)=\frac{24}{120}+\frac{24}{120}-\frac{6}{120}=\frac{42}{120}=\frac{7}{20}$$

となります．

$P(A)$, $P(B)$, $P(A\cap B)$ の値を求めるには，次のようにもできます．

A～E5人のそれぞれが，Aの持ってきたプレゼントを受け取る事象は同様に確からしいので，Aが自分のプレゼントをもらう確率は，

$$P(A)=\frac{1}{5}. \qquad 同様に，P(B)=\frac{1}{5}$$

$P(A\cap B)$ を求めるには，A，Bが持ってきた2個のプレゼントに着目します．この2個のプレゼントを5人のうち2人に配る配り方は $5\times 4=20$ 通りです．A，Bがともに自分のプレゼントを受け取るのは，この20通りのうちの1通りです．この20通りは同様に確からしいので，

$$P(A\cap B)=\frac{1}{20}$$

いろいろな考え方ができますね．

例題 3

箱に，赤球5個，白球4個，青球6個の合計15個の球が入っている．この中から同時に5個の球を取り出すとき，赤球と白球が含まれる確率を求めよ．

15個の球のうちから5個の球を取る取り出し方は，

$$_{15}C_5=\frac{15\times 14\times 13\times 12\times 11}{5\times 4\times 3\times 2\times 1}=3\times 7\times 11\times 13=3003（通り）$$

です．これが全事象の場合の数です．

場合分けをしたらどうなるかを少し考えてみます．

赤球と白球が少なくとも1個ずつ必要です．よって，5個中2個は赤1個と白1個に決定します．

残りの3個に関して，考えられる赤，白，青の個数の内訳を書き上げると，
(3, 0, 0), (0, 3, 0), (0, 0, 3), (2, 1, 0), (2, 0, 1),
(1, 2, 0), (1, 0, 2), (0, 2, 1), (0, 1, 2), (1, 1, 1)

と，10通りもあります．これらの場合分けのもとで確率を計算するのでは，かなり煩雑になりますね．

そこで，余事象・和事象を用いて，解法を工夫してみましょう．

問題の事象は，

「少なくとも1つ赤球が出る」

かつ「少なくとも1つ白球が出る」

と言いかえられます．「少なくとも」というキーワードが出てきましたから，余事象を使いたいところです．といって，問題の事象の否定を

「赤球が1つも出ない」かつ「白球が1つも出ない」

としてはいけません．ここは，「かつ」ではなく，「または」です．以下の解法で確認してください．

「少なくとも1つ赤球が出る」事象を A，「少なくとも1つ白球が出る」事象を B とします．「少なくとも」があるので A, B の余事象を考えましょう．$P(\overline{A})$, $P(\overline{B})$ の方が計算しやすいですからね．〇で囲んだ部分を $\overline{A}$, $\overline{B}$ としてベン図を描いてみましょう．

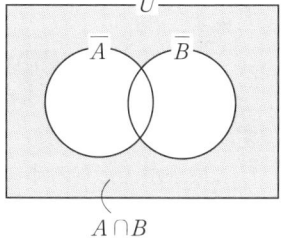

求める事象は，$A \cap B$ です．$A \cap B$ は，$\overline{A}$ の外側（$=A$）と $\overline{B}$ の外側（$=B$）の共通部分ですから，図では網目部になります．つまり，$A \cap B$ は，$\overline{A} \cup \overline{B}$ の補集合です．よって，

$$P(A \cap B) = 1 - P(\overline{A} \cup \overline{B})$$
$$= 1 - \{P(\overline{A}) + P(\overline{B}) - P(\overline{A} \cap \overline{B})\} \quad \cdots\cdots ①$$

$\overline{A}$ は「赤が1つも出ない」事象，$\overline{B}$ は「白が1つも出ない」事象，$\overline{A} \cap \overline{B}$ は「赤も白も出ない」，つまり「青だけが出る」事象ですから，

$$P(\overline{A}) = \frac{{}_{10}C_5}{{}_{15}C_5}, \quad P(\overline{B}) = \frac{{}_{11}C_5}{{}_{15}C_5}, \quad P(\overline{A} \cap \overline{B}) = \frac{{}_{6}C_5}{{}_{15}C_5}$$

これらを①に代入して，

$$P(A \cap B) = 1 - \frac{{}_{10}C_5}{{}_{15}C_5} - \frac{{}_{11}C_5}{{}_{15}C_5} + \frac{{}_{6}C_5}{{}_{15}C_5}$$
$$= \frac{3003 - 252 - 462 + 6}{3003} = \frac{2295}{3003} = \boldsymbol{\frac{765}{1001}}$$

余事象・和事象の確率

例題 4

1から6までの目が等しい確率で出るさいころを4個同時に投げる試行を考える．
（1） 出る目の最小値が1である確率を求めよ．
（2） 出る目の最小値が1で，かつ最大値が6である確率を求めよ．

(北大)

（1）については，例題1の（7）と同様にして求めることができます．
　「さいころの目の最小が1以上」となる事象を A，
　「さいころの目の最小が2以上」となる事象を B
とします．
　事象 A では，最小が 1，2，3，4，5，6 のどれか，
　事象 B では，最小が 2，3，4，5，6 のどれか
ですから，
　最小が1となる事象は，
　A かつ「B でない」事象
です．
　ここで，事象 A は
「4個とも 1，2，3，4，5，6 のどれかである」
と言い換えられますから，$P(A)=1$
　事象 B は，
　　　「4個とも 2，3，4，5，6 のどれかである」……………①
と言い換えられますから，$P(B)=\left(\dfrac{5}{6}\right)^4$

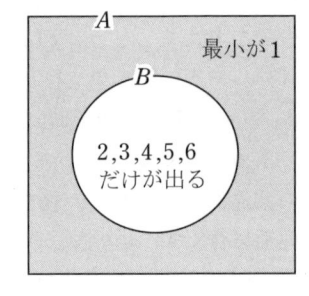

　A かつ「B でない」事象が起こる確率は，
$$P(A\cap\overline{B})=P(A)-P(B)=1-\left(\dfrac{5}{6}\right)^4=1-\dfrac{625}{1296}=\dfrac{\mathbf{671}}{\mathbf{1296}}$$
となります．

　（2）では，「最小が1かつ最大が6」である事象を捉えるのですから，「最大が6である」ことを捉えるために，
　　　「さいころの目の最大が5以下」となる事象を C
とおきましょう．こうすると，「最大が6である」事象は，例題1の（7）と同じように考えて，A かつ「C でない」事象となります．

事象 C は,
「4 個とも 1, 2, 3, 4, 5 のどれかである」……………②
と言い換えられますから, $P(C) = \left(\dfrac{5}{6}\right)^4$

ここで, A, B, C を一度にベン図で表現してみましょう. すると, 次のようになります.

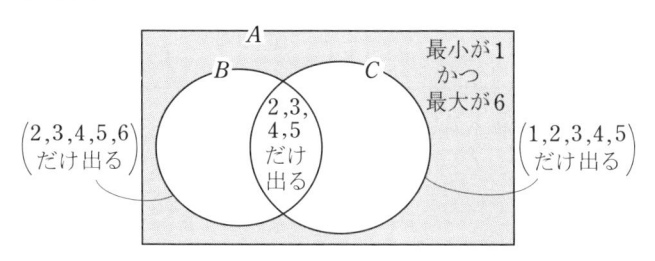

「最小が 1」である事象は B の外側,「最大が 6」である事象は C の外側です.「最小が 1 かつ最大が 6」である事象は, B の外側と C の外側の共通部分であり, 図の網目の部分になります.

ですから, 求める確率は,

$P(A) - P(B \cup C)$
$= P(A) - \{P(B) + P(C) - P(B \cap C)\}$
$= P(A) - P(B) - P(C) + P(B \cap C)$ ……………③

ここで, $P(B \cap C)$ を求めておきましょう.

事象 $B \cap C$ は, ①, ②より
「4 個とも 2, 3, 4, 5 のどれかである」
と言い換えられますから, $P(B \cap C) = \left(\dfrac{4}{6}\right)^4$

すると③は,

$$1 - \left(\dfrac{5}{6}\right)^4 - \left(\dfrac{5}{6}\right)^4 + \left(\dfrac{4}{6}\right)^4$$
$$= \dfrac{1296 - 625 \times 2 + 256}{1296} = \dfrac{302}{1296} = \dfrac{\mathbf{151}}{\mathbf{648}}$$

となります.

最後に, 和事象を用いる問題をもう一題だけ解いてみましょう.

余事象・和事象の確率

例題 5

3個のさいころを同時に投げ，出た目の積を X とする．X が2で割り切れる事象を A，X が3で割り切れる事象を B とする．このとき，次の確率を求めよ．
（1） $P(A)$
（2） $P(B)$
（3） $P(A \cap B)$ （日大・法）

（1），（2）は，例題1の（4）の考え方がそのまま使えます．A，B の余事象を考えるわけです．（3）は，例題3と同様に，○で囲んだ部分を $\overline{A}$，$\overline{B}$ としたベン図を描きましょう．

3個のさいころの目を a，b，c とします．

$\overline{A}$ は，「X が2で割り切れない」事象です．

X が2で割り切れない
$\iff a$，b，c すべてが2で割り切れない．

と言い換えられます．2で割り切れない数は1，3，5の3個ですから，$\overline{A}$ は，3個の目がすべて1，3，5のどれかである事象を表します．

$$P(\overline{A}) = \left(\frac{3}{6}\right)^3 = \frac{1}{8}, \quad P(A) = 1 - \frac{1}{8} = \frac{\mathbf{7}}{\mathbf{8}}$$

同様に，3で割り切れない数は1，2，4，5の4個ですから，$\overline{B}$ は3個の目がすべて1，2，4，5のどれかである事象を表します．

$$P(\overline{B}) = \left(\frac{4}{6}\right)^3 = \frac{8}{27}, \quad P(B) = 1 - \frac{8}{27} = \frac{\mathbf{19}}{\mathbf{27}}$$

（3） 例題3と同様に $A \cap B$ を求めるためにベン図を描くと，右図のようになります．○で囲んだ部分は $\overline{A}$，$\overline{B}$ を表すことに注意しましょう．

$A \cap B$ は，$\overline{A}$ の外側と $\overline{B}$ の外側の共通部分ですから，網目の部分で表されます．したがって，

$$\begin{aligned} P(A \cap B) &= 1 - P(\overline{A} \cup \overline{B}) \\ &= 1 - \{P(\overline{A}) + P(\overline{B}) - P(\overline{A} \cap \overline{B})\} \\ &= 1 - P(\overline{A}) - P(\overline{B}) + P(\overline{A} \cap \overline{B}) \quad \cdots\cdots ① \end{aligned}$$

ここではベン図を描いて①を求めましたが，ド・モルガンの法則などに慣

れている人は，公式を用いて計算によって済ませてしまいましょう（☞p.80 の注）．

　ここで，$\overline{A} \cap \overline{B}$ は，3 個の目がすべて 1，5 のどちらかである事象を表します．よって，

$$P(\overline{A} \cap \overline{B}) = \left(\frac{2}{6}\right)^3$$

したがって，①は，

$$P(A \cap B) = 1 - \left(\frac{3}{6}\right)^3 - \left(\frac{4}{6}\right)^3 + \left(\frac{2}{6}\right)^3$$
$$= \frac{6^3 - 3^3 - 4^3 + 2^3}{6^3} = \frac{\mathbf{133}}{\mathbf{216}}$$

　ここで，よくある誤答を紹介しましょう．

　$A \cap B$ は，「X が 2 でも 3 でも割り切れる」事象です．

　そこで，

$$P(A \cap B) = P(A)P(B) = \frac{7}{8} \cdot \frac{19}{27} = \frac{133}{216}$$

と計算する人がいるかもしれません．たしかに答えの値は一致していますが，この解法は誤りです．

　C かつ D となる事象 $C \cap D$ の確率 $P(C \cap D)$ を求めるには，事象 C の確率 $P(C)$ と事象 D の確率 $P(D)$ をかけて，

$$P(C \cap D) = P(C)P(D) \quad \cdots\cdots\cdots\cdots\cdots\cdots\cdots ②$$

となると思っている人がいるかもしれません．この式は常に成り立つとは限らない式なのです．

　例えば，1 個のサイコロを振って，2 の倍数でない目が出る事象を C，5 の倍数でない目が出る事象を D としてみます．

　$C = \{1, 3, 5\}$，$D = \{1, 2, 3, 4, 6\}$，$C \cap D = \{1, 3\}$
ですから，

$$P(C) = \frac{1}{2}, \ P(D) = \frac{5}{6}, \ P(C \cap D) = \frac{2}{6} = \frac{1}{3}$$
$$P(C)P(D) = \frac{1}{2} \cdot \frac{5}{6} = \frac{5}{12} \ \text{より}, \ P(C)P(D) \neq P(C \cap D)$$

つねに②が成り立つとは限りません．

　$P(A \cap B)$，$P(A)P(B)$ は，うまい条件が重なって，たまたま値が一致しているのに過ぎないのです．

余事象・和事象の確率

練習問題の2番では，10で割り切れる確率を求めています．このとき，
　　A：2で割り切れる　　B：5で割り切れる
とおくと，10で割り切れる事象は $A\cap B$ で表されます．しかし，
$$P(A\cap B)\neq P(A)\cdot P(B)$$
となります．

⇨注　ド・モルガンの法則 $\overline{A\cap B}=\overline{A}\cup\overline{B}$，および余事象と和の法則を用いて，
$$P(A\cap B)=1-P(\overline{A\cap B})=1-P(\overline{A}\cup\overline{B})$$
$$=1-\{P(\overline{A})+P(\overline{B})-P(\overline{A}\cap\overline{B})\}$$

練習問題　▶解答は p.136

1． 1から10までのカード10枚から1枚引いてカードの数字を調べ，元に戻す試行を繰り返す．
　(1)　この試行を2回行ったとき，引いたカードの数字の和が10になる確率は □
　(2)　この試行を n 回行ったとき，引いたカードの数字の最大が8になる確率を n の式で表すと □
　(3)　この試行を n 回行ったとき，引いたカードの数字の最小が2になる確率を n の式で表すと □
　(4)　この試行を n 回行ったとき，引いたカードの数字の最大が8，最小が2になる確率を n の式で表すと □

（帝京大・理工）

2．(1)　大中小3個のさいころを同時に投げるとき，出た3つの目の積が10で割り切れる確率を求めよ．
　(2)　互いに大きさの異なる n 個のさいころを同時に投げるとき，出た n 個の目の積が10で割り切れる確率を求めよ．

（愛知医大・医）

9 合同式

① 余りの計算

この章では，割り算をしたときの「余り」について扱っていきます．
さっそくですが，次の問題を解いてもらいましょう．

例題 1

a を 5 で割って 3 余る整数，b を 5 で割って 4 余る整数とする．このとき，$a+b$, ab を 5 で割った余りをそれぞれ求めよ．

---

5 で割って 3 余る数も，5 で割って 4 余る数も無数にあります．ですから，a も b もひとつの数に決まることはありません．いったい，答えは一通りに求まるのでしょうか．

解答は次のようになります．

[解]　$a = 5m+3$, $b = 5n+4$ (m, n は整数) とおく．
すると，
$$a+b = (5m+3)+(5n+4)$$
$$= 5m+5n+7$$
$$= \underline{5(m+n+1)}+2$$
$$ab = (5m+3)(5n+4)$$
$$= 25mn+20m+15n+12$$
$$= \underline{5(5mn+4m+3n+2)}+2$$
ここで，波線部はどちらも 5 の倍数なので，
$a+b$ は 5 で割ると **2** 余り，ab は 5 で割ると **2** 余る．

答えの余りが一通りに決まるところが，この問題の面白いところですね．
さて，正式な解答は上のとおりですが，答えを出すだけならば，余りどうしの和や積をとることで，次のように計算できます．

合同式　81

［余りだけで計算すると…］
［$a+b$ の余り］
　$3+4=7$，$7\div5=1$ 余り 2
　よって，$a+b$ の余りは 2
［ab の余り］
　$3\times4=12$，$12\div5=2$ 余り 2
　よって，ab の余りは 2

　a，b の余りが決まれば，$a+b$，ab の余りも決まるのですから，初めから余りだけで計算してしまえ！　というわけです．なかなか本質をついたスルドイ解法ではありますが，入試の答案としてはまことにお粗末と言えます．
　そこで，これをもう少し体裁を整えて書く書き方を紹介しましょう．それが，解答のスペースも思考も節約できる「合同式」と呼ばれる優れた表記法なのです．

❷　合同式の定義とその性質

　「合同式」の定義は，以下の通りです．

定義（合同式）────────────
　a，b を整数，m を自然数とする．
　$a-b$ が m で割り切れるとき，
$$a \equiv b \pmod{m}$$
と書く．
────────────────────

　文字だらけなので，具体的にしてみます．
　例えば，
$$26 \equiv 12 \pmod{7}$$
という式は正しい式です．$26-12$ が 7 で割り切れるからです．ピンとこない人は，$a=26$，$b=12$，$m=7$ として，定義の式をもう一度読んでみてください．
　さて，ここで注意しておきたいのは，26 を 7 で割ったときの余りも，12 を 7 で割ったときの余りも，どちらも 5 になっているということです．これは偶然ではなく，$a \equiv b \pmod{m}$ と書くことができるときは，いつでもそ

うなのです．

つまり，

$a-b$ が m で割り切れる
$$\iff \begin{cases} a \text{ を } m \text{ で割った余りと} \\ b \text{ を } m \text{ で割った余りが等しい} \end{cases}$$

ということが成り立っています．

定義では，もったいぶった書き方をしましたが，要は，a, b を m で割った余りが等しいとき，

$$a \equiv b \pmod{m}$$

と書く，というわけです．合同式の意味を読み取るときは，このように考えた方がしっくりとくるでしょう．上の同値関係が分からない人は，初めから，"余りが等しい" ものを "≡で結ぶ" ことを合同式の定義だと思っても結構です．

上では，自然数の例を挙げましたが，a, b は負の数でも構いません．m の倍数というのは，m を「負の整数倍」した数も考えているわけです．

ちなみに，-17 を 5 で割った余りはいくつだかわかりますか．余りは，割る数より小さい非負の整数でなければならないのです．

$$-17 = 5 \times (-4) + 3$$

となるので，余りは 3 です．-2 ではありません．

さあ，ここまでの話では，余りの等しい数を≡で結んでいるだけで，それほどありがたくありません．合同式のありがたみがわかるのは，合同式に次のような性質があるからなのです．

合同式の性質　その1

a, b, c, d を整数，m を自然数とする．

$a \equiv c \pmod{m}$, $b \equiv d \pmod{m}$

が成り立っているとき，

（ⅰ）　$a + b \equiv c + d \pmod{m}$

（ⅱ）　$a - b \equiv c - d \pmod{m}$

（ⅲ）　$ab \equiv cd \pmod{m}$

が成り立つ．

証明は後回しにして，この性質を使って，例題 1 の問題の解答を書いてみましょう．

合同式　83

[例題1の解答]

$a \equiv 3 \pmod 5$, $b \equiv 4 \pmod 5$ ……………………………①

これと性質の(ⅰ)より, $a+b \equiv 3+4 \pmod 5$

ここで, $3+4=7 \equiv 2 \pmod 5$ なので,
$$a+b \equiv 2 \pmod 5$$
よって, $a+b$ を5で割った余りは2である.

①と性質(ⅲ)より, $ab \equiv 3 \cdot 4 = 12 \equiv 2 \pmod 5$

よって, ab を5で割った余りは2である. □

やっていることは, [余りだけで計算すると…] と同じなのですが, これで点がもらえる解答になりました.

この例からもわかるように, [合同式の性質 その1] は

　足し算, 引き算, 掛け算については,
　余りだけで計算して答えが出る

ということを保証してくれているのです.

ここで, [性質 その1] のうち, 掛け算の場合(ⅲ)だけを証明しておきます. 足し算・引き算についての証明は, みなさんにお任せいたします.

[(ⅲ)の証明]

定義より,
$$a \equiv c \pmod m, \ b \equiv d \pmod m$$
$\iff \begin{cases} a-c=Am, \ b-d=Bm \\ \text{となる整数 } A, B \text{ がある} \end{cases}$ ……………②

②より,
$$a=Am+c, \ b=Bm+d$$
これを用いて,
$$ab-cd=(Am+c)(Bm+d)-cd$$
$$=ABm^2+Adm+Bcm+cd-cd$$
$$=\underline{m(ABm+Ad+Bc)}$$
波線部が m の倍数になっているので,
$$ab \equiv cd \pmod m$$

次に, [合同式の性質 その1] を用いて, 次の [その2] の性質が成り立つことをみていきましょう.

合同式の性質　その2

a, b を整数，m, n を自然数，$f(x)$ を整数係数多項式とする．このとき，$a \equiv b \pmod{m}$ が成り立てば，

　　（ⅰ）　$a^n \equiv b^n \pmod{m}$
　　（ⅱ）　$f(a) \equiv f(b) \pmod{m}$

が成り立つ．

[**性質　その2の証明**]
（ⅰ）[その1の(ⅲ)を繰り返し用いる．]
　$a \equiv b$, $a \equiv b \pmod{m}$ にその1の(ⅲ)を用いて，
　　$a^2 \equiv b^2 \pmod{m}$
　$a \equiv b$, $a^2 \equiv b^2 \pmod{m}$ にその1の(ⅲ)を用いて，
　　$a^3 \equiv b^3 \pmod{m}$
　　　………
　　$a^n \equiv b^n \pmod{m}$

（ⅱ）$f(x) = c_n x^n + c_{n-1} x^{n-1} + \cdots + c_1 x + c_0$ とおく．
　　$a^k \equiv b^k$（←(ⅰ)の結果），$c_k \equiv c_k \pmod{m}$
とその1の(ⅲ)より，
$$c_k a^k \equiv c_k b^k \pmod{m} \quad [k=0 \text{ のときも成り立つ}]$$
k を 0 から n まで変化させて辺々足すと，
　$c_n a^n + \cdots + c_1 a + c_0 \equiv c_n b^n + \cdots + c_1 b + c_0 \pmod{m}$
　　　$\therefore \ f(a) \equiv f(b) \pmod{m}$

要は，$f(x)$ は，掛け算と足し算・引き算で計算するので，(ⅱ)が成り立っているわけです．

その2の(ⅰ)に関して，具体的な問題を解いてみましょう．

例題2

$1001^4 + 2002^4 + 3003^4 + 4004^4$ を 5 で割った余りは [（1）] である．また，7^{7001} を 48 で割った余りは [（2）] である．　　　　　（昭和女子大）

（1）　5 で割った余りを考えるので，mod 5 で考えます．扱う $\equiv$ は，すべて

mod 5 で見ています。

　扱う数を小さくしたいので，
　　　　$1001 \equiv 1$　　　$2002 \equiv 2$　　　$3003 \equiv 3$　　　$4004 \equiv 4$
とします。ここで，［性質　その 2］の(ⅰ)を用います。
　　　　$1001^4 \equiv 1^4$　　$2002^4 \equiv 2^4$　　$3003^4 \equiv 3^4$　　$4004^4 \equiv 4^4$
　これを用いると，与式は，
　　　　$1001^4 + 2002^4 + 3003^4 + 4004^4 \equiv 1^4 + 2^4 + 3^4 + 4^4$ ……………………①
となります。

　ここで，それぞれ，1^4，2^4，3^4，4^4 の値を実際に計算し，5で割った余りを求めてもよいのですが，数が大きくなったときでも立ち往生しないように，"○の□乗" の形をした数の余りの求め方を示しておきましょう。

　3^4 の場合で示してみます。

　3^4 を 5 で割った余りを求めるには，3，3^2，3^3，3^4 を 5 で割った余りを順に求めていくのがよいでしょう。

　$3^2 \equiv 4$ まではそのまま計算します。

　3^3 は，3^{2+1} と見て計算します。
　　　　$3^3 = 3^{2+1} = 3^2 \cdot 3 \equiv 4 \cdot 3 = 12 \equiv 2$

　つまり，3^2 の余りの 4 と 3 をかけて 12 になり，それを 5 で割った余りが 2 と求めます。3^4 であれば，3^{3+1} と見て，
　　　　$3^4 = 3^{3+1} = 3^3 \cdot 3 \equiv 2 \cdot 3 = 6 \equiv 1$

　こうして，順次計算して行くと，3^4 の値を直接計算せずに 5 で割った余りを求めることができます。

　"○の□乗" の○が大きい数のときは，この方法に頼るのがよいでしょう。

　4^4 について同様に考えれば，

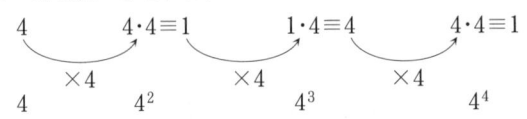

　　　　4　　　→　$4 \cdot 4 \equiv 1$　　→　$1 \cdot 4 \equiv 4$　　→　$4 \cdot 4 \equiv 1$
　　　　　　　×4　　　　　　×4　　　　　　×4
　　　　4　　　　　　4^2　　　　　　4^3　　　　　　4^4

となります。

　①は，
　　　　$1^4 + 2^4 + 3^4 + 4^4 \equiv 1 + 1 + 1 + 1 = 4$
となります。

　"○の□乗" の形をした数の余りの求め方で使えるテクニックをもう 1 つ紹介しましょう。

それは，3，4を
$$3 \equiv -2 \qquad 4 \equiv -1$$
と見ることです．合同式の定義のところで，合同式では負の数まで扱うことができることを示しておきましたね．

これを用いると，①は，
$$1^4+2^4+3^4+4^4 \equiv 1+2^4+(-2)^4+(-1)^4$$
$$\equiv 1+16+16+1 = 1+1+1+1 = 4$$
と計算できます．これはまだ，3，4が小さいので何でわざわざこんなことをするのかと思うかもしれませんが，

「35^5 を37で割った余りを求めよ．」

という問題であれば，
$$35^5 \equiv (-2)^5 = -32 \equiv -32+37 = 5$$
より，答えは5と求まります．

合同式で負の数まで扱うことの効用が実感できますね．

（2） 今度は mod 48 で考えます．

$$\underbrace{7}_{7} \xrightarrow{\times 7} \underbrace{7\cdot 7 \equiv 1}_{7^2} \xrightarrow{\times 7} \underbrace{1\cdot 7 \equiv 7}_{7^3} \xrightarrow{\times 7} \underbrace{7\cdot 7 \equiv 1}_{7^4}$$

と7，7^2，7^3，7^4，… の余りは7，1，7，1，……と繰り返しになります．

答案風に書くと，$7^2 \equiv 1$ を使って，
$$7^{7001} = 7^{2\times 3500+1} = (7^2)^{3500}\cdot 7 \equiv 1^{3500}\cdot 7 = \mathbf{7}$$
ここで，よくある間違いを紹介しておきましょう．

それは，合同式を肩に乗せてしまう間違いです．数が大きいと血迷っちゃうんですかね．

$7001 = 48\times 145+41$ ですから，$7001 \equiv 41$．これから
$$7^{7001} \equiv 7^{41}$$
としてしまうんです．これ，大間違いです．

$a \equiv b$ のとき，$a^n \equiv b^n$ は成り立ちますが，
$$n^a \equiv n^b \text{ は成り立ちません．}$$

合同式を同時に何乗かするのはいいんですが，合同式を肩に乗せてはいけません．

次に，文字が入ってくる場合を練習してみましょう．

例題3

x が5で割って3余る整数のとき，
x^3-4x^2+6x+4 を5で割った余りを求めよ．

$f(x)=x^3-4x^2+6x+4$ とおきます．

最後に余りを聞かれている問題は，初めから余りだけで計算すればよいのでした．この問題で言えば，$f(3)$ を計算して，5で割った余りを答えればよいのです．

$$f(3)=3^3-4\cdot 3^2+6\cdot 3+4=13$$

これを5で割って余りが3と求まります．

この解き方を保証しているのが，[その2]の(ii)です．

$x\equiv 3\pmod 5$ なので，

$$f(x)\equiv f(3)=3^3-4\cdot 3^2+6\cdot 3+4=13\equiv \mathbf{3}\pmod 5$$

となるわけです．

[性質 その2]の(ii)の性質を用いると，次のような整数の有名性質の証明を簡潔に表現することができます．問題の形で紹介しましょう．

例題4

ある数 A がある．A を9で割った余りと A の各桁の数の和を9で割った余りは等しいことを証明せよ．

例　$385\div 9=42$ 余り7
　　$(3+8+5)\div 9=1$ 余り7

A が n 桁の数であるとします．

A の一の位を a_1，十の位を a_2，百の位を a_3，……，最高位を a_n とおきます．

いま，$f(x)$ を

$$f(x)=a_n x^{n-1}+a_{n-1}x^{n-2}+\cdots+a_2 x+a_1$$

とおきます．

すると，

$$f(10)=10^{n-1}a_n+10^{n-2}a_{n-1}+\cdots+10a_2+a_1$$

なので，$A=f(10)$

また，
$$f(1)=a_n+a_{n-1}+\cdots+a_2+a_1$$
なので，"A の各桁の数の和"$=f(1)$
となります．
$10\equiv1\pmod 9$ なので，［その2］の(ii)より，
$$f(10)\equiv f(1)\pmod 9$$
$$A\equiv\text{"}A\text{ の各桁の数の和"}\pmod 9$$
となります．

③ n の多項式に合同式を使って

次のような問題も合同式を用いて解くと，単なる計算問題になってしまいます．

例題 5

n を任意の整数とする．次の問いに答えよ．
（1） n^5-n が 2 の倍数であることを証明せよ．
（2） n^5-n が 3 の倍数であることを証明せよ．
（3） n^5-n が 5 の倍数であることを証明せよ．
（4） n^5-n が 30 の倍数であることを証明せよ． （千葉大，改題）

（1） $f(x)=x^5-x$ とおきます．
$f(n)$ が偶数であることを示せという問題です．
n は整数ですから，n は奇数か，偶数かのどちらかです．2通りの場合について $f(n)$ が偶数になるかを合同式を用いて確かめてみましょう．
［性質 その2］の(ii)を用いて，
$n\equiv0\pmod 2$ のとき，
$$f(n)\equiv f(0)=0^5-0=0\pmod 2$$
$n\equiv1\pmod 2$ のとき，
$$f(n)\equiv f(1)=1^5-1=0\pmod 2$$
整数は無限個ありますが，2 で割り切れるか否かで考えると 2 通りになってしまうわけです．無限個の場合をシラミツブシする代わりに，2 通りの場合をシラミツブシすればよいのです．ここが余りに着目する考え方の素晴らしいところです．

(2) 3の倍数であるか否かを問題にしているので，mod 3 で見ます．

n がどんな整数であっても，3で割った余りは，0，1，2 のいずれかですから，
$$n \equiv 0, \ n \equiv 1, \ n \equiv 2 \ (\text{mod } 3)$$
の3通りの場合を調べればよいわけです．

［性質 その2］の(ii)を用いて，

$n \equiv 0 \ (\text{mod } 3)$ のとき，
  $f(n) \equiv f(0) = 0 \ (\text{mod } 3)$

$n \equiv 1 \ (\text{mod } 3)$ のとき，
  $f(n) \equiv f(1) = 0 \ (\text{mod } 3)$

$n \equiv 2 \ (\text{mod } 3)$ のとき，
  $f(n) \equiv f(2) = 30 \equiv 0 \ (\text{mod } 3)$

いずれの場合でも，$f(n) \equiv 0 \ (\text{mod } 3)$ が成り立っていますから，$f(n)$ は3の倍数です．

(3) $n \equiv 0, 1, 2, 3, 4 \ (\text{mod } 5)$ の5通りの場合について，［性質その2］の(ii)を使って調べます．

$n \equiv 0$ のとき，
  $f(n) \equiv f(0) = 0 \ (\text{mod } 5)$

$n \equiv 1$ のとき，
  $f(n) \equiv f(1) = 0 \ (\text{mod } 5)$

$n \equiv 2$ のとき，
  $f(n) \equiv f(2) = 30 \equiv 0 \ (\text{mod } 5)$

$n \equiv 3$ のとき，
  $f(n) \equiv f(3) = 240 \equiv 0 \ (\text{mod } 5)$

$n \equiv 4$ のとき，
  $f(n) \equiv f(4) = 1020 \equiv 0 \ (\text{mod } 5)$

いずれの場合でも，$f(n) \equiv 0 \ (\text{mod } 5)$ となりますから，$f(n)$ は5の倍数です．

(4) $30 = 2 \times 3 \times 5$ ですから，次の同値関係が成り立ちます．

$f(n)$ が30の倍数である
$$\Longleftrightarrow \begin{cases} f(n) \text{ が2の倍数であり，かつ} \\ f(n) \text{ が3の倍数であり，かつ} \\ f(n) \text{ が5の倍数である} \end{cases}$$

（1），（2），（3）よりこれが成り立ちますから，n が任意の整数のとき，$f(n)$ が 30 の倍数であることが証明できました．

こうして，$f(n)$ が 30 の倍数であることを示すことができました．

みなさんは，合同式を知る前は，この手の問題をどのようにして解いていたでしょうか．n^5-n を式変形して解いていたかもしれませんね．それには，多少なりともストレスを感じていた人も多かったことでしょう．でも，合同式を知った今となってはどうでしょう．この手の問題は，単なる代入の問題と化してしまったことが，実感していただけるのではないでしょうか．

これだけでも，合同式を用いない証明に比べて格段に計算が簡単になっているはずですが，さらに計算を簡単にしようという，なんとも欲張りな解法をこれから紹介します．

（3）の 5 の倍数を示すところについて，その解法の一端を示してみましょう．

（3）では，
　　「n がどんな整数であっても，
　　　$n\equiv 0,\ 1,\ 2,\ 3,\ 4\ (\mathrm{mod}\ 5)$ のいずれかである．」
としました．ここのところを，
　　「n がどんな整数であっても，
　　　$n\equiv -2,\ -1,\ 0,\ 1,\ 2\ (\mathrm{mod}\ 5)$ のいずれかである．」
とするのです．

$-2\equiv 3,\ -1\equiv 4\ (\mathrm{mod}\ 5)$ が成り立っていますから，3 の代わりに -2 を，4 の代わりに -1 を使ったわけです．すると，（3）の問題は，$n\equiv 0,\ \pm 1,\ \pm 2$ の場合について調べればよいことになり，

$n\equiv 0\ (\mathrm{mod}\ 5)$ のとき，本解と同じで $f(n)\equiv 0$

$n\equiv 1\ (\mathrm{mod}\ 5)$ のとき，
　　$f(n)\equiv f(1)=1^5-1=0\ (\mathrm{mod}\ 5)$

$n\equiv -1\ (\mathrm{mod}\ 5)$ のとき，
　　$f(n)\equiv f(-1)=(-1)^5-(-1)=0\ (\mathrm{mod}\ 5)$

$n\equiv 2\ (\mathrm{mod}\ 5)$ のとき，
　　$f(n)\equiv f(2)=2^5-2=30\equiv 0\ (\mathrm{mod}\ 5)$

$n\equiv -2\ (\mathrm{mod}\ 5)$ のとき，
　　$f(n)\equiv f(-2)=(-2)^5-(-2)=-30\equiv 0\ (\mathrm{mod}\ 5)$

となり，$f(n)$ が 5 の倍数であることが示されました．

④ 指数に n が入る場合

例題5では，n の多項式について，合同式を用いてある数の倍数であることを示しました．余りの個数は有限個ですからシラミツブシをして証明ができたわけです．今度は，指数に n が入っている問題について，合同式を応用して問題を解いてみましょう．

例題6

正の整数からなる数列 $\{a_n\}$ を
$$a_n=(13)^n+2\cdot(23)^{n-1}$$
で定める．
（1） a_1, a_2 を求め，それぞれを素因数分解せよ．
（2） a_n（$n=1, 2, 3, \cdots$）のすべてに共通する素因数が存在することを示せ． （富山県立大，一部変更）

原題では，（2）で，「数学的帰納法によって証明せよ」，との指示がありました．合同式を用いると，数学的帰納法を用いなくても解答できるので，ここでは削除しました．この手の問題は，数学的帰納法を用いて命題を示すのが定石なのです．この指定がなくても数学的帰納法を連想した人は，よく学習されている人だと推察いたします．

（1） $a_1=15=\mathbf{3\cdot 5}$, $a_2=215=\mathbf{5\cdot 43}$

（2） a_n のすべてに共通する素因数があるとすれば，候補は，a_1, a_2 に共通している5しかありません．

ですから，

「a_n は5の倍数である」

ことを示すべき命題としましょう．

$a_n=(13)^n+2(23)^{n-1}$

$13\equiv 3$, $23\equiv 3 \pmod{5}$ なので，この式の13, 23を3で置き換えます．

$\begin{aligned}a_n &\equiv 3^n+2\cdot 3^{n-1} \pmod{5} \\ &= 3\cdot 3^{n-1}+2\cdot 3^{n-1}=(3+2)3^{n-1} \\ &= 5\cdot 3^{n-1}\equiv 0 \pmod{5}\end{aligned}$

a_n が5の倍数であることが示されました．

なんともあっさりした解答ですね．

例題 5, 6 と見てきたように，合同式を用いると解答を短く簡単に書くことができる問題も多いのです．紙面の節約，思考の節約．合同式は，なんとエコロジカルなツールなのでしょうか．個人的には，合同式は地球温暖化対策の最後の切り札だと考えています．ハイ．

練習問題 ▶解答は p.138

1.（1） n を自然数とする．$n(n^2+5)$ は 6 の倍数であることを示せ．
（2） 自然数 n が 6 の倍数のとき，3^n を 7 で割った余りは 1 であることを示せ．

（岡山県大(中)・情報工）

2. すべての正の整数 n に対して，$3^{3n-2}+5^{3n-1}$ が 7 の倍数であることを証明せよ．

（弘前大）

3.（1） $2x^2-y^2=9$ をみたす整数 x, y は 3 の倍数であることを証明せよ．
（2） $21x^2-10y^2=9$ をみたす整数 x, y は存在しないことを証明せよ．

（千葉大(後)・理）

10 3次関数の見方

この章では，3次関数を扱う問題を解いていきましょう．

① 3次関数の対称性

この節では，3次関数の対称性について扱います．

例題 1

3次関数 $y=x^3-4x$ のグラフ C が原点を中心に点対称であることを示せ．

一般に，$y=f(x)$ のグラフが，「原点を中心に点対称」である条件は，どんな実数 a についても，$(a, f(a))$ と $(-a, f(-a))$ の中点が原点となることです．つまり，

$$\left(\frac{a+(-a)}{2}, \frac{f(a)+f(-a)}{2}\right)=(0,\ 0)$$

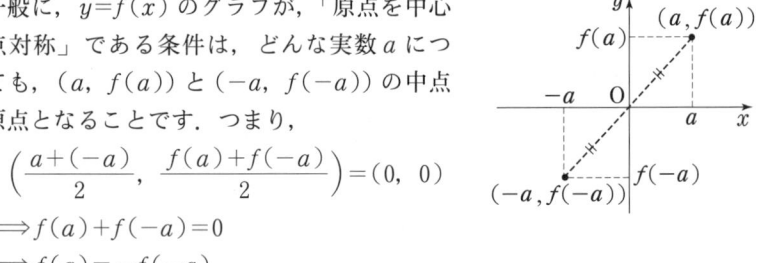

$\iff f(a)+f(-a)=0$

$\iff f(a)=-f(-a)$

が成り立つことです．x 座標はつねに成り立っていますから，y 座標を成り立たせる条件が，グラフが原点に関して点対称である条件です．まとめると，

$y=f(x)$ のグラフが原点に関して点対称

$\iff \begin{cases} \text{すべての実数 } x \text{ について,} \\ f(x)=-f(-x) \text{ が成り立つ} \end{cases}$

となります．さっそく確かめてみましょう．

$g(x)=x^3-4x$ とおくと，

$g(x)=x^3-4x,\ g(-x)=-x^3+4x$ より，$g(x)=-g(-x)$ が成り立つ．

これより C は，原点対称であることが示されました．

上の計算から推測できるように，x の奇数次の項しかない多項式で表される関数のグラフは，原点対称になります．3次関数の場合は，3次の項，1次の項しかない3次式（3次の項だけの場合も含みます）で表されるグラフは原点対称になります．

例題 2

3次関数 $y=x^3-6x^2+8x+3$ のグラフ D が点対称であることを示せ．

D を平行移動してできたグラフの式が，3次の項，1次の項だけしかない式になれば，そのグラフは原点対称になります．式変形をして，そのような平行移動を探しましょう．

3次関数を扱う前に2次関数について復習しておきます．2次関数では平方完成をして頂点を探しました．

例えば，
$$y=x^2-6x+7=(x-3)^2-2$$
というように変形しました．一般に，$y=f(x)$ のグラフを x 軸方向に p，y 軸方向に q だけ移動したグラフの式は，$y=f(x-p)+q$ でした．
$y=x^2-6x+7$ のグラフは，$y=x^2$ のグラフを x 軸方向に $+3$，y 軸方向に -2 だけ平行移動したグラフであることが読み取れます．

3次関数を調べるときも同じ要領です．今度は，立方完成（？）していきましょう．$(x-\square)^3$ を展開したときの x^3，x^2 の係数が，$x^3-6x^2+\cdots$ に一致するように $\square$ の数を選びます．

$y=x^3-6x^2+8x+3$
$\quad=(x-2)^3-12x+8+8x+3$
$\quad=(x-2)^3-4x+11$
［1次式の部分からも $(x-2)$ を括り出します］
$\quad=(x-2)^3-4(x-2)-8+11$
$\quad=(x-2)^3-4(x-2)+3$

この式変形から，D は，$y=x^3-4x$ のグラフ C を x 軸方向に $+2$，y 軸方向に $+3$ だけ平行移動したグラフであることがわかります．C が点対称なので，D も点対称です．

3次関数の見方

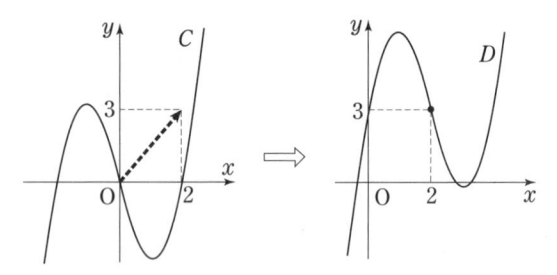

D の点対称の中心は，原点を x 軸方向に $+2$，y 軸方向に $+3$ だけ平行移動した点なので $(2, 3)$ です．

D が点対称であることを用いると，次のような問題も積分計算を経ずに答えを求めることができます．

例題 3

$D : y = x^3 - 6x^2 + 8x + 3$

$l : y = mx$

で囲まれる部分が 2 つあるとする．それぞれの面積を S, T とするとき，$S = T$ となるような m の値を求めよ．

曲線と直線の交点の座標を m で表そうとしても，3 次方程式になって立往生してしまいます．交点の x 座標を新しく文字でおいても煩雑になりそうです．うまく解くには D のグラフが点対称であることを用います．

D の点対称の中心 $(2, 3)$ を P とします．結論からいうと，$S = T$ となるのは l がこの P を通るときなのです．

l が P を通るとき，D のグラフが点対称なので，囲まれた部分は合同な図形になります（次頁左図）．

一方，次頁右図のように l が P を通らないときのことを考えてみます．P を通り l に平行な直線 l' を引きましょう．次頁左図と同じように網目部の面積が等しくなります．すると，図形の包含関係から，

$$S > = > T$$

となることが分かります．S と T は等しくなりません．

ですから，$S = T$ であるための必要十分条件は，l が P を通ることなのです．

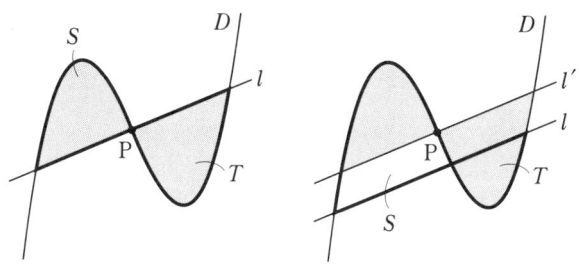

$S=T$ となるのは，l が P$(2, 3)$ を通るときで，
$$3=2m \qquad \therefore \quad \boldsymbol{m=\frac{3}{2}}$$
ここで，一般に 3 次関数のグラフが点対称であることをまとめておきます．

---**3 次関数の対称性のまとめ**---

3 次関数を $f(x)=ax^3+bx^2+cx+d$ ($a \neq 0$) とする．

$C: y=f(x)$ のグラフは，変曲点
$$\left(-\frac{b}{3a},\ f\left(-\frac{b}{3a}\right)\right)$$
を中心として点対称である．

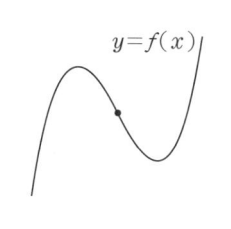

変曲点という言葉が出てきました．数Ⅲを学習していない方にとっては初めて聞く言葉ですね．変曲点とは，接線の傾きが減少から増加に転じたり，増加から減少に転じたりする点のことです．上の囲みの図では，・より左では傾きは減少していて，・より右では傾きは増加しています．変曲点では，$f''(x)=0$ を満たします．f'' は，f を 2 回微分して得られる関数を表す記号です．
$$f'(x)=3ax^2+2bx+c, \qquad f''(x)=6ax+2b$$
$x=-\dfrac{b}{3a}$ の値は，$f''(x)=0$ から導くことができます．

さて，この事実を証明しておきましょう．

$y=f(x)$ のグラフを x 軸方向に $+\dfrac{b}{3a}$，y 軸方向に $-f\left(-\dfrac{b}{3a}\right)$ だけ移動した曲線 D の方程式を求めてみます．D の方程式は，
$$D: y=f\left(x-\frac{b}{3a}\right)-f\left(-\frac{b}{3a}\right) \quad \cdots\cdots ①$$

となります．具体的には，
$$y = a\left(x - \frac{b}{3a}\right)^3 + b\left(x - \frac{b}{3a}\right)^2 + c\left(x - \frac{b}{3a}\right) + d - f\left(-\frac{b}{3a}\right)$$
となり，展開していくと，x^3 の係数は a，x^2 の係数は，
$$a \cdot (-3) \cdot \frac{b}{3a} + b = 0$$
となり，x^2 の項はなくなってしまいます．

また，$x = 0$ のとき，y の値は，
$$f\left(0 - \frac{b}{3a}\right) - f\left(-\frac{b}{3a}\right) = 0$$
です．これから，①を展開したときの定数項が 0 であり，D が原点を通ることがわかります．

つまり，①は展開すると，3次の項と1次の項しか残らないので，D は原点対称です．

x 軸方向に $+\dfrac{b}{3a}$，y 軸方向に $-f\left(-\dfrac{b}{3a}\right)$ だけ平行移動して，C の点対称の中心が D の点対称の中心である原点に重なるので，C の点対称の中心は，$\left(-\dfrac{b}{3a},\ f\left(-\dfrac{b}{3a}\right)\right)$ になります．

これを用いると，例題2の場合は，$a = 1$，$b = -6$ ですから，点対称の中心 P の x 座標は，$-\dfrac{b}{3a} = -\dfrac{(-6)}{3 \cdot 1} = 2$ となります．

② 3次関数と接線

3次関数とその接線が描かれた構図のポイントを次の問題で確認しましょう．

例題 4

3次関数 $y = ax^3 + bx$ ($a \neq 0$) のグラフを C とする．C 上に原点でない点 A をとり，A を通る接線を l とし，l と C の A 以外の共有点を B とする．A の x 座標が α のとき，B の x 座標を求めよ．

まず，2曲線が接することの定義から確認しましょう．

右図のように，$y=f(x)$，$y=g(x)$ の2曲線があるとします．点Pで接するとは，点Pを共有し，点Pで共通の接線をもつことです．Pの x 座標を α とすると，「$x=\alpha$ での y の値が等しい」ことと「$x=\alpha$ での微分係数が等しい」ことが成り立たなければなりません．

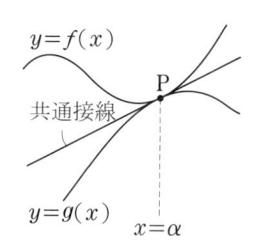

まとめると次のようになります．

2曲線が接する条件

$y=f(x)$，$y=g(x)$ のグラフ（一方が直線の場合も含む）が $x=\alpha$（に対応する点）で接するための条件は，
$$f(\alpha)=g(\alpha),\ f'(\alpha)=g'(\alpha)$$

特に，$f(x)$，$g(x)$ がともに多項式で表される関数の場合，2曲線が接するための条件は，次のようになります．

多項式で表される関数のグラフ同士が接する条件

多項式 $f(x)$，$g(x)$ で表される関数のグラフ $y=f(x)$ と $y=g(x)$ が $x=\alpha$ で接する条件は，

$f(x)-g(x)$ が $(x-\alpha)^2$ で割り切れることである．

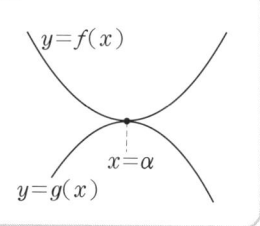

これについての証明は，p.147 をご覧ください．この言い換えを前提に話を進めます．

さて，例題4について解説しましょう．

接線 l の式を $y=mx+n$ とします．ここで3次関数のグラフと接線の共有点の x 座標を求めるための式
$$ax^3+bx-mx-n=0$$
について考えます．

3次関数の見方　99

上のまとめを用いると，l は $x=\alpha$ で接しますから，左辺の $ax^3+bx-mx-n$ は $(x-\alpha)^2$ で割り切れます．

B の x 座標を β とおいておきます．C と l は，B で交わりますから，上の方程式は $x=\beta$ を解に持ち，左辺は $(x-\beta)$ で割り切れます．

結局，$ax^3+bx-mx-n$ は，$(x-\alpha)^2(x-\beta)$ で割り切れます．

$ax^3+bx-mx-n$ も $(x-\alpha)^2(x-\beta)$ も 3 次式ですから，x^3 の係数を合わせて，
$$ax^3+bx-mx-n=a(x-\alpha)^2(x-\beta)$$
が成り立ちます．両辺の x^2 の係数を比較すると，
$$0=-a(2\alpha+\beta) \qquad \therefore \boldsymbol{\beta=-2\alpha}$$
B の x 座標は，-2α となります．$\alpha \neq 0$ ですから，$\beta \neq \alpha$ となり，B は A と異なる点です．

このことは，対称の中心 P が原点にはない 3 次関数のグラフについても，右図のように x 座標の差が 1：2 であることを示しています．

この図の接線を，P を中心に点対称移動させます．さらに，交点・接点を通って y 軸に平行な直線を引くと，次のようになります．

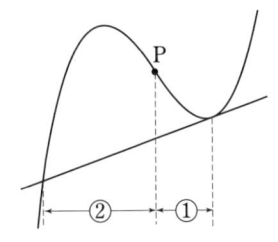

---
3 次関数と接線のまとめ

3 次関数のグラフについて，図のような平行四辺形を描くことができる．グラフは，平行四辺形の中心と頂点を通り，4 等分点で接する．

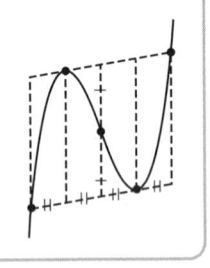

上の平行四辺形を次頁右上のように長方形にした図を目にしたことがある

人がいるかもしれません．長方形の場合には，接点が極大点と極小点となります．

　この長方形を意識することは，定義域が $\alpha \leq x \leq \beta$ の形の区間の場合の最大値・最小値を求めるときに役立ちます．区間の端に対応する点が，この長方形の外側にあるか内側に入るかを x 座標から割り出すことにより，極値で最大値をとるか，区間の端に対応する y 座標の値で最大値をとるかを判断するわけです．

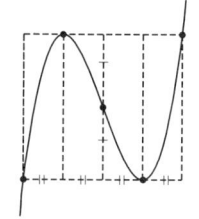

例題 5

x が $-3 \leq x \leq 3$ を動くとき，$y = x^3 + 3x^2 - 6x$ の最大値を求めよ．

$$y' = 3(x^2 + 2x - 2)$$

極値をとる x の値は，$y' = 0$ より，$x = -1 \pm \sqrt{3}$

3次関数の点対称の中心の x 座標は，$y'' = 3(2x+2) = 0$ より $x = -1$

もちろん p.95 の "立方完成" でこの値を求めてもかまいません．

長方形を描くと右の図のようになります．長方形の横幅の長さの4等分が $\sqrt{3}$ です．長方形の端の x 座標は，「まとめ」の関係を用いて $-1 \pm 2\sqrt{3}$ です．

$$-1 + 2\sqrt{3} < 3$$

なので，$x = 3$ に対応する点は長方形の外側にあります．

ですから，この点の y 座標は極大値よりも大きくなります．$x = 3$ のとき y が最大値になることが，$x = -1 - \sqrt{3}$，$x = 3$ のときの y の値を比較せずにわかります．

$x = 3$ で，最大値 $y = 3^3 + 3 \cdot 3^2 - 6 \cdot 3 = \mathbf{36}$ をとります．

③ 接線とで囲まれる領域の面積

　3次関数のグラフとその接線で囲まれる部分の面積の求め方を確認しましょう．

3次関数の見方

例題6

3次関数 $y=x^3+ax^2+bx+c$ のグラフを D とする．D 上で D の（点対称の）中心以外に点 A をとる．A を通る接線を l とし，l と D の A 以外の共有点を B とする．次に，B を通る接線を m とし，m と D の B 以外の共有点を C とする．

D と l で囲まれる部分の面積を S，D と m で囲まれる部分の面積を T とする．このとき，$S:T$ を求めよ．

A，B，C の x 座標を α，β，γ とします．

まず，S を求めましょう．

l の方程式を $y=px+q$ とすると，例題4の解答と同じようにして，

$$x^3+ax^2+bx+c-(px+q)=(x-\alpha)^2(x-\beta)$$
……①

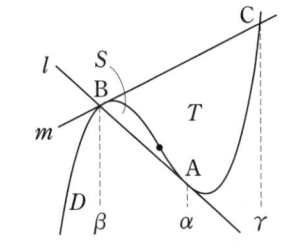

となります．

この手の問題では，交点や接点の x 座標を主役にして式を整理していきましょう．S を表すのに a, b, c, p, q ではなく，α, β を用いて表すことが目標になります．

$$S=\left|\int_{\beta}^{\alpha}\{x^3+ax^2+bx+c-(px+q)\}dx\right|$$

$$=\left|\int_{\alpha}^{\beta}(x-\alpha)^2(x-\beta)dx\right| \quad \cdots\cdots ②$$

被積分関数を展開してもよいのですが，ここでひと工夫します．被積分関数を次のように書き換えておくのです．

$(x-\alpha)^2(x-\beta)$
$=(x-\alpha)^2\{(x-\alpha)+(\alpha-\beta)\}$
$=(x-\alpha)^2\{(x-\alpha)-(\beta-\alpha)\}$
$=(x-\alpha)^3-(\beta-\alpha)(x-\alpha)^2 \quad \cdots\cdots ③$

これと，次の公式も確認しておきましょう．

$$\int_{\alpha}^{\beta}(x-\alpha)^n dx=\frac{1}{n+1}(\beta-\alpha)^{n+1} \quad \cdots\cdots ④$$

この式は正確には数Ⅲで習いますが，数Ⅱまでで受験する人も知っておいた方がよい公式です（なお，p.146 もご覧下さい）．数Ⅱまでの人には，次

の説明で納得してもらうことにしましょう．

左辺の積分は，$y=(x-\alpha)^n$，$x=\beta$ のグラフと x 軸で囲まれる領域の面積を表しています．この面積を，x 軸方向に $-\alpha$ だけ平行移動した図で計算します．

$y=(x-\alpha)^n$，$x=\beta$ を x 軸方向に $-\alpha$ だけ平行移動すると，それぞれ $y=x^n$，$x=\beta-\alpha$ です．したがって，

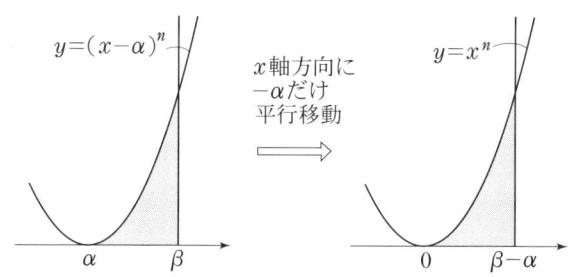

$$\int_\alpha^\beta (x-\alpha)^n dx = \int_0^{\beta-\alpha} x^n dx = \left[\frac{1}{n+1}x^{n+1}\right]_0^{\beta-\alpha} = \frac{1}{n+1}(\beta-\alpha)^{n+1}$$

数Ⅲではこれを，$\left[\dfrac{1}{n+1}(x-\alpha)^{n+1}\right]_\alpha^\beta$ と計算します．

②，③のあと，④を用いて，

$$S = \left|\int_\alpha^\beta \left\{(x-\alpha)^3 - (\beta-\alpha)(x-\alpha)^2\right\}dx\right|$$

$$= \left|\left[\frac{1}{4}(x-\alpha)^4 - \frac{1}{3}(\beta-\alpha)(x-\alpha)^3\right]_\alpha^\beta\right| \quad \left(\begin{array}{l}\text{この行は}\\ \text{数Ⅲ向け}\end{array}\right)$$

$$= \left|\frac{1}{4}(\beta-\alpha)^4 - \frac{1}{3}(\beta-\alpha)^4\right|$$

$$= \frac{1}{12}(\beta-\alpha)^4 \quad \cdots\cdots\cdots\cdots\cdots\cdots\cdots\cdots\cdots\cdots\cdots\cdots\cdots\cdots\cdots ⑤$$

被積分関数を③のように書き換えておくことで，④の公式を用いることができ（数Ⅲ向け：原始関数に $x=\alpha$ を代入したとき 0 になることがすぐにわかり），答えが因数分解した形で求まるというメリットがあるわけです．

S の結果を用いると，T は文字を入れ替えるだけで結果が得られます．T の場合は，接点の x 座標が β，交点の x 座標が γ なので，S を表す⑤の式において $\alpha \to \beta$，$\beta \to \gamma$ と入れ替えます．

$$T = \frac{1}{12}(\gamma-\beta)^4$$

次に，$|\beta-\alpha|:|\gamma-\beta|$ を求めることを目標にしましょう．3次関数と接線のまとめを用いてこの値を求めてみます．

3次関数の中心，A，B，C の x 座標についての関係を図に整理してみましょう．

3次関数の中心の x 座標を p とすると，「まとめ」より，右図のように

$|\alpha-p|:|\beta-p|=①:②$
$|\beta-p|:|\gamma-p|=\boxed{1}:\boxed{2}$

が成り立っています．

$|\alpha-p|:|\beta-p|:|\gamma-p|=①:②:④$

から，

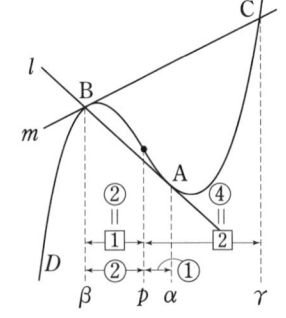

$|\beta-\alpha|:|\gamma-\beta|=(①+②):(②+④)=1:2$ ……………⑥

です．このことから，

$S:T=(\beta-\alpha)^4:(\gamma-\beta)^4=1^4:2^4=\mathbf{1:16}$

と答えが求まりました．

結局，a，b，c は出てきませんでした．a，b，c の値によらず一定値になるとはなかなか興味深い結果ですね．

⑥を，「まとめ」を用いず式だけでも導いておきましょう．①の両辺で x^2 の係数を比べると，

$a=-(2\alpha+\beta)$

接線 m についても同様にして，$a=-(2\beta+\gamma)$ が成り立ちます．これらを用いて，

$\beta=-a-2\alpha$,
$\gamma=-a-2\beta=-a-2(-a-2\alpha)=a+4\alpha$
$\beta-\alpha=(-a-2\alpha)-\alpha=-a-3\alpha$
$\gamma-\beta=(a+4\alpha)-(-a-2\alpha)=2a+6\alpha$
$|\beta-\alpha|:|\gamma-\beta|=|a+3\alpha|:|2a+6\alpha|=1:2$

練習問題 ▶解答は p.140

1. 関数 $f(x)=\dfrac{x^3}{3}-x^2-x+\dfrac{8}{3}$ について，

 (1) $y=f(x)$ のグラフ上の x 座標が $1+\sqrt{3}$ である点における接線および法線の方程式を求めよ．なお，曲線上の点 A を通り，その曲線の A における接線と垂直である直線を，その曲線の点 A における法線という．

 (2) $y=f(x)$ のグラフ上の相異なる 2 点 $P(x_1, f(x_1))$, $Q(x_2, f(x_2))$ における接線が平行であるとき，x_2 を x_1 を用いて表せ．

 (3) $y=f(x)$ のグラフを x 軸方向に a，y 軸方向に b だけ平行移動したグラフが原点に関して対称となる．このとき，a と b の値および平行移動後のグラフの方程式を求めよ．

 (4) (2) において，点 P における法線が点 Q を通るような x_1 の値を求めよ． (尾道大(後))

2. 関数 $f(x)=x^3-6ax^2+9a^2x+b$ の区間 $0 \leqq x \leqq 1$ における最大値が $\dfrac{1}{2}$，最小値が 0 となるとき，定数 a, b の値を求めよ．ただし，$a>0$ とする． (徳島文理大)

3. a, b, c を実数とする．$f(x)=ax^2+bx+c$, $g(x)=x^3$ とおく．2 つの関数 $y=f(x)$, $y=g(x)$ のグラフが異なる 2 点 P, Q を共有している．さらに点 P での 2 つのグラフの接線が一致し，点 Q での 2 つのグラフの接線は直交しているとする．これらの条件を満たすように a, b, c を変化させるとき，2 つのグラフで囲まれた部分の面積 S の最小値を求めよ． (阪大(後)・理，工，基礎工)

11 グラフの組み換え

① 関数の差に注目

簡単な設問から始めましょう．

例題 1

放物線 $C: y=x^2$ と直線 $D: y=5x+7$ で囲まれる部分の面積を S とする．放物線 $C': y=x^2-2x-3$ と直線 $D': y=3x+4$ で囲まれる部分の面積を T とする．このとき，S と T の大小を比較せよ．

C と D の交点を計算するには，C の式と D の式を連立させて，$x^2-5x-7=0$ を考えます．一方，C' と D' の交点を計算するには，C' の式と D' の式を連立させて，$x^2-5x-7=0$ を考えます．方程式が同じですから，求める答えも一致します．つまり，C と D の交点の x 座標と C' と D' の交点の x 座標は一致するわけです．

次に面積を考えます．

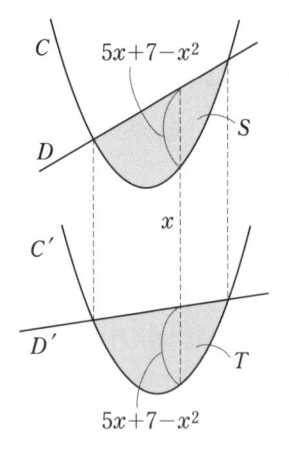

C と D で囲まれた部分の面積を考えるには，C の式と D の式の差，$5x+7-x^2$ について積分します．一方，C' と D' で囲まれた部分の面積を考えるには，C' の式と D' の式の差，$3x+4-(x^2-2x-3)=5x+7-x^2$ について積分します．被積分関数が一致し，積分する区間も一致しますから，計算した面積も等しくなり，$S=T$ となります．

このような結果となったのは，

 (C と D の差の式) = (C' と D' の差の式) ……………①

となっていることが理由です．

2曲線の組 (C, D), (C', D') があるとき,差の式が等しければ,交点の x 座標は一致し,囲まれた部分の面積も等しくなるわけです.

問題の構造が分かるように,抽象的な言葉でまとめておきます.

グラフの組み換えのまとめ

曲線の組 $C: y=f(x)$, $D: y=g(x)$ と
曲線の組 $C': y=f(x)-h(x)$,
$\qquad\quad D': y=g(x)-h(x)$
について,以下のことが成り立つ.
(i) C と D の交点の x 座標と,C' と D' の交点の x 座標は一致する.
(ii) C と D の接点の x 座標と,C' と D' の接点の x 座標は一致する.
(iii) C と D で囲まれた部分の面積と,C' と D' で囲まれた部分の面積は一致する.

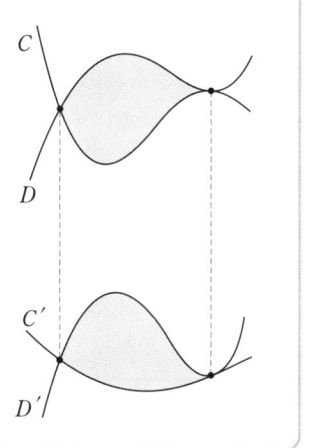

例題1では,$f(x)=x^2$, $g(x)=5x+7$, $h(x)=2x+3$ となっています.上のまとめでも,

$$(C と D の差の式)=f(x)-g(x)$$
$$=(f(x)-h(x))-(g(x)-h(x))$$
$$=(C' と D' の差の式)$$

と①の関係が成り立っています.(i), (iii)が成り立つことについては,例題1の例から推し量ってもらうことにしましょう.

(ii)について少し補足します.

2曲線が $x=\alpha$ で接する条件は,$x=\alpha$ での「y 座標の値が一致し」,かつ「微分係数が一致する」ことです.

これを用いると,

$C: y=f(x)$ と $D: y=g(x)$ が $x=\alpha$ で接する

$\iff f(\alpha)=g(\alpha)$, $f'(\alpha)=g'(\alpha)$

$\iff \begin{cases} f(\alpha)-h(\alpha)=g(\alpha)-h(\alpha), \\ f'(\alpha)-h'(\alpha)=g'(\alpha)-h'(\alpha) \end{cases}$

$\iff \begin{cases} C': y=f(x)-h(x) と \\ D': y=g(x)-h(x) が x=\alpha で接する \end{cases}$

グラフの組み換え　　107

となり，(ii) が確かめられました．

C, D のグラフについて，それらを表す式から $h(x)$ を引いた関数のグラフ C', D' を描くことを

「$h(x)$ を引いてグラフを組み換える」

と表現することにします．

この言葉を使うと，上のまとめは，

　　「グラフの組み換えによって，交点は交点に移り，
　　　接点は接点に移り，面積は不変である．」

と標語的にまとめることができます．

② 放物線の有名性質

この節では，放物線の有名な性質について，「グラフの組み換え」を用いて理解していきましょう．

例題 2

放物線 $C : y = x^2$ 上の点 P における接線 $l : y = px + q$ と放物線 $D : y = x^2 - a$（a は正の定数）によって囲まれる部分の面積は，P の位置にかかわらず一定であることを示せ．

登場する曲線は，
　$C : y = x^2$
　$D : y = x^2 - a$
　$l : y = px + q$

の 3 本です．これらの式から，$x^2 - a$ を引いてグラフを組み換えます．組み換えた曲線に $'$ を付けて表すと，
　$C' : y = a$
　$D' : y = 0$
　$l' : y = px + q - (x^2 - a)$

となります．

面積は組み換えによって不変ですから，D と l で囲まれた部分の面積を考える代わりに，D' と l' で囲まれる部分の面積を

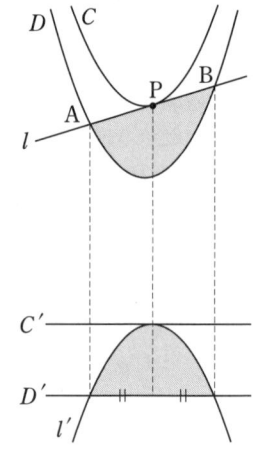

考えてもかまいません．D' と l' で囲まれる部分の面積が P の位置によらず一定であることを示しましょう．

いま，C と l は接していますから，組み換えた C' と l' も接しています．l' が，x 軸に平行な直線 $C':y=a$ に接しているということは，l' の頂点の y 座標は a であり一定になります．l' を表す式の 2 次の係数が -1 なので，x 軸とで囲まれる部分の形は，P の位置によらず一定です．

結局，D' と l' で囲まれる部分の面積も P の位置によらず一定になります．これで題意を示すことができました．

なお，左下図の D' と l' の図で ‖ の記号をつけた線分の長さが等しいことから，P が AB の中点であることがわかります．

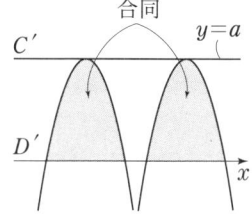

例題 3

2 次の係数が等しい 2 つの放物線 $C:y=f(x)$，$D:y=g(x)$ がある．C，D の交点を A とし，C，D の共通接線を $l:y=h(x)$ とする．C，D，l で囲まれる部分の面積は，A を通り y 軸に平行な直線 m で 2 等分されることを示せ．

注目する曲線は，
 $C:y=f(x)$
 $D:y=g(x)$
 $l:y=h(x)$
の 3 本です．これらの式から $h(x)$ を引いてグラフを組み換えます．組み換えた曲線に $'$ を付けて表すと，
 $C':y=f(x)-h(x)$
 $D':y=g(x)-h(x)$
 $l':y=0$
となります．

C と l が接していますから，C' と l' も接しています．D と l が接していますから，D' と l' も接しています．ですから，組み換え後のようすは，上図のように，l'（x 軸）に 2 つの放物線 C'，D' が接しています．

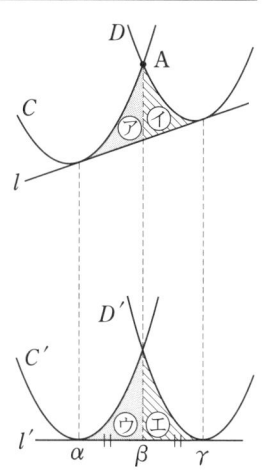

C' と D' の交点の x 座標は,C と D の交点 A の x 座標(β とする)に等しくなります.

さらに,組み換えによって面積は不変ですから,図で,網目部分の面積どうし(㋐と㋒),斜線部分の面積どうし(㋑と㋓)は等しくなります.

ここは,前節のまとめ(ⅲ)の表現そのままではないので補足しておきます.
面積を計算するときの被積分関数が等しく,

[㋐,㋒では,$f(x)-h(x)$ ㋑,㋓では,$g(x)-h(x)$]

積分区間が等しい

[㋐,㋒では,$[\alpha, \beta]$,㋑,㋓では,$[\beta, \gamma]$]

ので,㋐=㋒,㋑=㋓ となるわけです.

ところで,題意は㋐=㋑ を示すことでしたから,これを示すためには,あとは㋒=㋓ を示せばよいことになります.

$f(x)$ と $g(x)$ の2次の係数が一致して,$h(x)$ が1次(以下の)式なので,$f(x)-h(x)$ と $g(x)-h(x)$ の2次の係数が一致します.

すると,C' と D' は2次の係数が一致しているので合同な放物線となります.ここで,対称性により,㋒と㋓の面積が等しいことは,明らかとしてよいでしょう.これにより,題意を示すことができました.

なお,余禄として $\gamma-\beta=\beta-\alpha$ が導けます.

例題 4

点 A$(1, 4)$ を通る直線 l と放物線 $C: y=x^2$ によって囲まれる図形の面積の最小値を与える l の方程式を求めよ.

A を通る直線 l の式を $y=m(x-1)+4$ とします.

問題では,

　$C: y=x^2$

　$l: y=m(x-1)+4$

を考えています.

これらの式から x^2 を引いてグラフを組み換えます.組み換えた曲線に ′ を付けて表すと,$C': y=0$

　$l': y=m(x-1)+4-x^2$

となります.

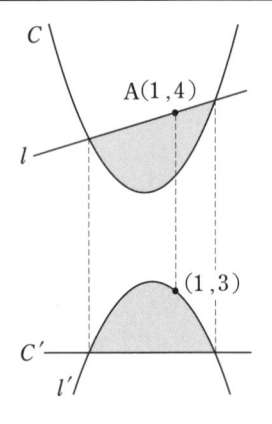

組み換えによって面積は不変ですから，C と l で囲まれる部分の面積と，C' と l' で囲まれる部分の面積は等しくなります．ですから，C と l で囲まれる部分の面積の最小値を考えるには，C' と l' で囲まれる部分の面積の最小値を考えればよいわけです．

ここで，C' は x 軸で，l' は $(1, 3)$ を通り 2 次の係数が -1 となる放物線です．図のように l' を動かして考えると，C' と l' で囲まれる部分の面積が最小となるのは，l' の頂点の y 座標が最小となるときです．すなわち，l' の頂点の座標が $(1, 3)$ になるときです．

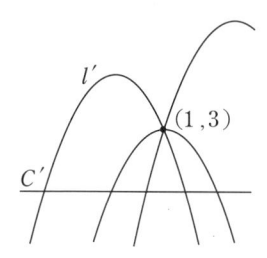

面積が最小のとき，
$$m(x-1)+4-x^2 = -(x-1)^2+3$$
が成り立つので，1 次の係数を比べて，$m=2$ と求まります．求める l の方程式は，
$$y=2(x-1)+4 \qquad \therefore \quad \boldsymbol{y=2x+2}$$
となります．

③ 4 次関数に応用

この節では，グラフの組み換えを 4 次関数のグラフに応用してみましょう．

例題 5

4 次関数 $C : y=f(x)$（4 次の係数は正）のグラフに直線 $l : y=px+q$ が 2 点で接している．m を，l に平行で C と 4 点で交わる直線とすると，C と m で囲まれる部分は全部で 3 個ある．このとき，m より下にある 2 つの部分は面積が等しいことを示せ．

---

m は，l に平行ですから，m と l の傾き（1 次の係数）は等しくなります．l の式が $y=px+q$ なので，m の式は，ある実数 r によって，$y=px+r$ となります．

この問題で登場する曲線は，
  $C : y = f(x)$
  $l : y = px + q$
  $m : y = px + r$
の3本です．これらの式から，$px+q$ を引いてグラフを組み換えます．組み換えた曲線に ′ をつけて表すと，
  $C' : y = f(x) - px - q$
  $l' : y = 0$
  $m' : y = r - q$
となります．

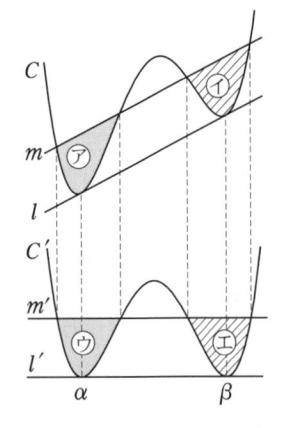

問題では，上の図で網目部㋐と斜線部㋑の面積が等しいことの説明を要求しています．

組み換えによって面積は不変ですから，図の上下で，網目部分の面積どうし（㋐と㋒），斜線部分の面積どうし（㋑と㋓）は等しくなります．ですから，題意を示すには，網目部分㋒と斜線部分㋓の面積が等しいことを示せばよいことになります．

C' と l' のグラフを調べていきましょう．

C と l が2点で接していますから，C' と l' も2点で接しています．この2点の x 座標を，それぞれ α，β とします．C' は x 軸と $x=\alpha$，$x=\beta$ となる点で接しています．

$x=\alpha$ となる点で接しているので，C' と l' の式の差 $f(x) - px - q$ は，$(x-\alpha)^2$ で割り切れます．また，$x=\beta$ となる点で接しているので，C' と l' の式の差 $f(x) - px - q$ は，$(x-\beta)^2$ で割り切れます．

$f(x) - px - q$ は，$(x-\alpha)^2$ で割り切れ，かつ $(x-\beta)^2$ で割り切れるので，結局 $f(x) - px - q$ は，$(x-\alpha)^2(x-\beta)^2$ で割り切れることになります．

$f(x) - px - q$ も $(x-\alpha)^2(x-\beta)^2$ も次数は4次ですから，適当な実数 A を用いて

$$f(x) - px - q = A(x-\alpha)^2(x-\beta)^2 \quad \cdots\cdots ①$$

と表すことができます．

C' のグラフの概形をつかんでみましょう．①の式を微分して増減を調べるところですが，それらは皆さんにお任せいたします．

　C' のグラフで特筆すべきは，直線 $x=\dfrac{\alpha+\beta}{2}$ に関して対称になることです．このことを示すために式変形をしましょう．

$$\begin{aligned}
y&=A(x-\alpha)^2(x-\beta)^2\\
&=A\{(x-\alpha)(x-\beta)\}^2\\
&=A\{x^2-(\alpha+\beta)x+\alpha\beta\}^2 \quad\cdots\cdots\cdots\cdots\cdots\text{②}\\
&=A\left\{\left(x-\dfrac{\alpha+\beta}{2}\right)^2-\left(\dfrac{\alpha+\beta}{2}\right)^2+\alpha\beta\right\}^2
\end{aligned}$$

最後の式を $g(x)$ とおくと，これについて，

$$g\left(\dfrac{\alpha+\beta}{2}-a\right)=g\left(\dfrac{\alpha+\beta}{2}+a\right)$$

が成り立ちます．

　これは右図のように，$y=g(x)$ が直線 $x=\dfrac{\alpha+\beta}{2}$ に対して対称であることを示しています．ちなみに，②のところで，$x=\dfrac{\alpha+\beta}{2}$ に関して対称である放物線の式を 2 乗していることに気づけば，あとの計算をせずに済みます．

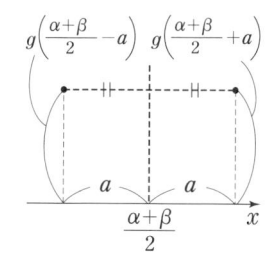

　$x=\alpha$, $x=\beta$ で x 軸と接すること，
　$y=A(x-\alpha)^2(x-\beta)^2\geqq 0$ となること
を考え合わせると，C' のグラフは右の図のようになります．

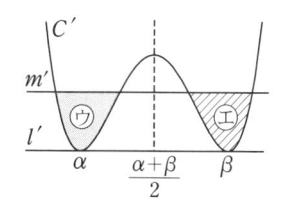

　C と m が 4 点で交わるので，C' と m' も 4 点で交わります．m' は，x 軸に平行な直線です．

m' も C' も y 軸に平行な直線 $x=\dfrac{\alpha+\beta}{2}$ に関して対称な図形です．

　ですから，C' と m' で囲まれる部分で，m' より下にある 2 つの部分，㋒と㋓は対称性より合同になるのです．当然，㋒と㋓の面積は等しくなります．これで題意を示すことができました．

グラフの組み換え

ところで，上の例題5でCの式をα, β, p, qで表すと，
$$C: y=A(x-\alpha)^2(x-\beta)^2+px+q \quad \cdots\cdots\cdots ③$$
となります．
4次関数の式をこの形に変形できれば，その4次関数のグラフは，
「$y=px+q$ に $x=\alpha$, $x=\beta$ で接しているグラフ，
 いわば，l の上に C' を乗っけたグラフ（$A>0$ のとき）」
ということが，さきほどの解答からわかります．
C'のグラフが乗っかっているx軸をググッと持ち上げてlにするとCになるといった感じでしょうか．

次に，4次関数の式を③の形に変形することで，4次関数のグラフの複接線（2点で接する接線）を求める問題を解いてみましょう．

例題6

$y=x^4-6x^3+x^2+26x+15$ のグラフには複接線が1本ある．この複接線の式を求めよ．

$$y=A(x^2+ax+b)^2+px+q \quad \cdots\cdots\cdots ④$$
を目標にし，平方完成の要領で式変形をしましょう．x^3 の係数，x^2 の係数の順に合わせていきます．$A=1$ です．

$y=x^4-6x^3+x^2+26x+15$
　　　　　　　　$[a=(-6)\div 2=-3]$
$=(x^2-3x)^2-8x^2+26x+15$
　　　　　　　　$[b=(-8)\div 2=-4]$
$=\{(x^2-3x)-4\}^2+8(x^2-3x)-16-8x^2+26x+15$
$=(x^2-3x-4)^2+2x-1$
$=(x-4)^2(x+1)^2+2x-1$

この式変形より，$y=x^4-6x^3+x^2+26x+15$ のグラフは，$x=-1$ と $x=4$ で，$y=2x-1$ に接していることがわかります．

求める複接線の式は，$\boldsymbol{y=2x-1}$ です．

上の式変形を通してわかるように，任意の4次式でも④の形までは式変形でもっていくことができます．しかし，x^2+ax+b がいつでも係数が実数の

範囲で因数分解できるとは限りません．これが因数分解できないときは，複接線がありません．

ただ，この場合でも，④のグラフは，$x=-\dfrac{a}{2}$ で対称な $y=(x^2+ax+b)^2$ のグラフを $y=px+q$ に乗っけたものであるというところまではわかります．

いずれにしろ，④を読むと4次関数のグラフの成り立ちがわかります．④はいわば4次関数の標準形とでも言ったらよいでしょうか．

練習問題 ▶解答は p.143

1. $f(x)=\displaystyle\int_{-2}^{x}\{|t^2-2t-3|+t-3\}dt$ と $g(t)=|t^2-2t-3|+t-3$ を考える．

(1) $-2\leqq t\leqq 3$ における $g(t)$ の最大値は □ で，最小値は □ である．

(2) $-2\leqq x\leqq 3$ において，$f(x)$ が最小になるのは $x=$ □ のときで，最小値は □ である．

(3) 2点 P$(-1,\ g(-1))$，Q$(3,\ g(3))$ を通る直線と平行な $y=g(t)$ の接線の方程式は $y=$ □ $t+$ □ である．

(4) (3)の接線と曲線 $y=g(t)$ とで囲まれた部分のうち，右側の部分の面積は □ である．

(東京薬大・薬(女))

2. 2つの曲線 $y=x^3-a^2x$ と $y=x^2-bx$ に囲まれた2つの図形の面積が等しくなることがあるか．なければ，ないことを証明せよ．あれば，a と b が満たす関係式を求め，そのグラフを ab 平面上に図示せよ．

(岐阜大(後)・医)

練習問題の解答

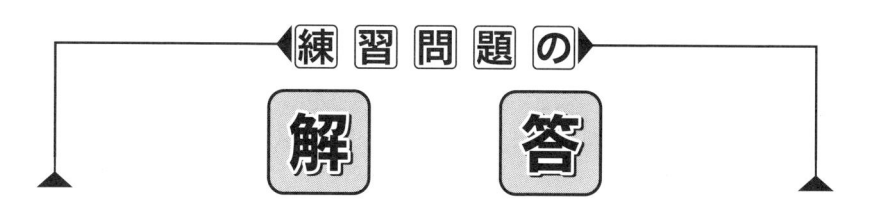

♣ **問題の難易と目標時間**

難易については，入試問題を 10 段階に分けたとして，
  A（基本）…5 以下 B（標準）…6, 7
  C（発展）…8, 9 D（難問）…10
また，目標時間は，＊1 つにつき 10 分，○ は 5 分です．

1 章	1…A＊	2…B＊＊	
2 章	1…A＊＊＊	2…B＊＊○	
3 章	1…C＊＊＊	2…B＊＊＊	3…B＊○
4 章	1…B＊＊	2…C＊＊＊＊	3…B＊＊○
5 章	1…B＊○	2…B＊＊	3…B＊＊
6 章	1…B＊＊○	2…B＊＊	3…B＊＊○
7 章	1…B＊＊	2…B＊＊＊	
8 章	1…B＊＊	2…B＊＊	
9 章	1…B＊＊＊	2…B＊＊○	3…C＊＊＊
10 章	1…B＊＊＊	2…C＊＊＊	3…C＊＊＊
11 章	1…B＊＊＊	2…C＊＊＊	

❶ 目で解く方程式

1. 2次方程式の左辺を $f(x)$ とおきます．題意を満たすとき，$f(-2)$, $f(0)$, $f(1)$ の符号の関係を考えましょう．x^2 の係数の符号で場合分けする必要はありません．

解 $f(x)=(-2a+15)x^2-(4a-18)x+3a^2-6a-24$

とおくと，

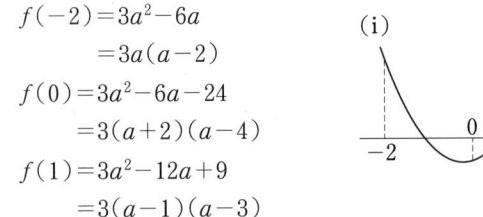

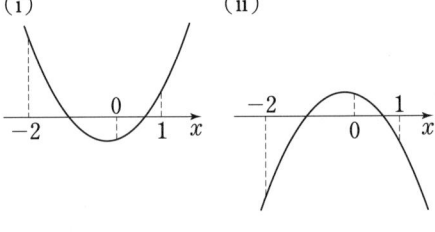

$f(-2)=3a^2-6a$
$\qquad =3a(a-2)$
$f(0)=3a^2-6a-24$
$\qquad =3(a+2)(a-4)$
$f(1)=3a^2-12a+9$
$\qquad =3(a-1)(a-3)$

右図の(ⅰ)か(ⅱ)が成り立つ．

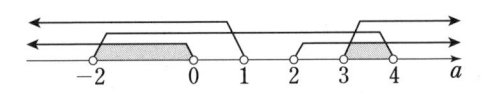

(ⅰ)のとき．$f(-2)>0$ かつ $f(0)<0$ かつ $f(1)>0$

∴ 「$a<0$ または $2<a$」かつ「$-2<a<4$」かつ「$a<1$ または $3<a$」

∴ $-2<a<0$ または $3<a<4$

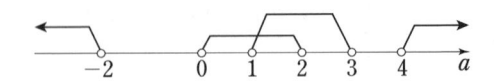

(ⅱ)のとき．$f(-2)<0$ かつ $f(0)>0$ かつ $f(1)<0$

∴ 「$0<a<2$」かつ「$a<-2$ または $4<a$」かつ「$1<a<3$」

これを満たす a は存在しない．

(ⅰ)，(ⅱ)により，答えは，

$$-2<a<0 \text{ または } 3<a<4$$

2. 例題4と同様に解きましょう．

解 $3x^2-ax+1=0$ ……① $\iff 3x^2+1=ax$

であるから，①の実数解は曲線 $C: y=3x^2+1$ と直線 $l: y=ax$ の共有点の x 座標である．

いま，C は下図のような放物線であり，l は原点を通る傾き a の直線である．

また，C と l が接するとき，①が重解をもつことより，
$$a^2 - 4\cdot 3\cdot 1 = 0$$
$$\therefore\ a = \pm 2\sqrt{3}$$

であり，l が C 上の点 $(1,\ 4)$，$\left(\dfrac{1}{2},\ \dfrac{7}{4}\right)$ を通るときの a の値はそれぞれ $a = 4$，$a = \dfrac{7}{2}$ である．

したがって，下図より，求める範囲は，順に，
$$a < -2\sqrt{3},\ 2\sqrt{3} < a\ ;\ \dfrac{7}{2} \leqq a < 4\ ;\ 2\sqrt{3} < a < \dfrac{7}{2}$$

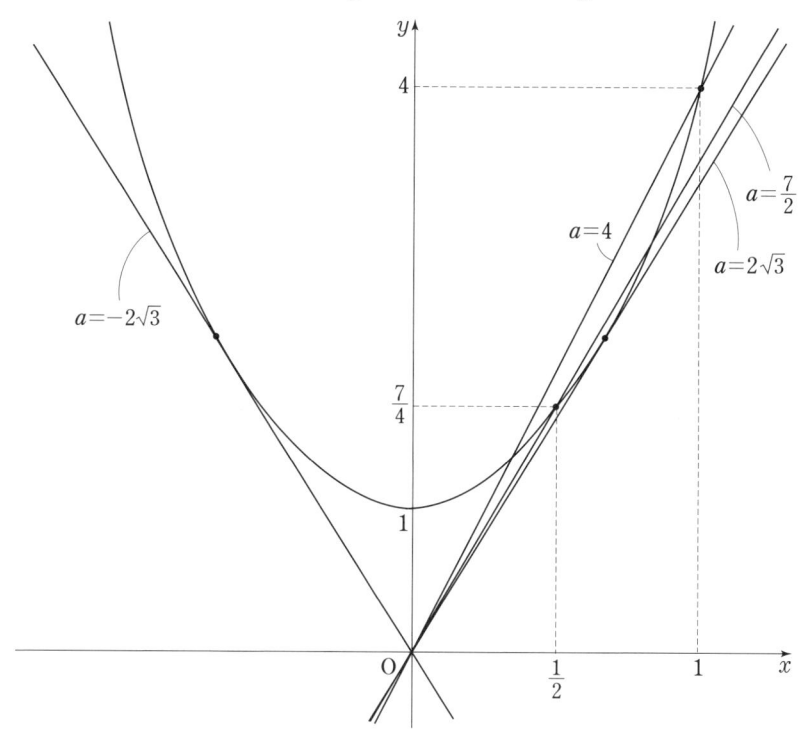

❷ $m(a)$, $M(a)$ のグラフ

1. p.19 の囲みを活用し，まず $M(a)$, $m(a)$ のグラフを描きましょう．

解 $f(x) = x^2 + 2ax - a + 2$
$\qquad = (x+a)^2 - a^2 - a + 2 \cdots\cdots\cdots(*)$

（1） $-1 \leq x \leq 1$ における最大値と最小値は，次のいずれかである．
$\quad f(-a) = -a^2 - a + 2 \ (-1 \leq -a \leq 1, \ \text{つまり} \ -1 \leq a \leq 1 \ \text{のときのみ参加})$
$\quad f(-1) = -3a + 3$
$\quad f(1) = a + 3$

ここで，ab 平面上に，
$\quad b = -a^2 - a + 2 \ (-1 \leq a \leq 1) \cdots\cdots$ ①
$\quad b = -3a + 3 \ \cdots\cdots\cdots\cdots\cdots\cdots\cdots$ ②
$\quad b = a + 3 \ \cdots\cdots\cdots\cdots\cdots\cdots\cdots\cdots$ ③

を描く．なお，①が参加するとき，①は必ず最小値になることに注意する．これらのグラフの一番大きい値を辿ったもの（極太線）が $b = M(a)$ のグラフであり，一番小さい値を辿ったもの（中太線）が $b = m(a)$ のグラフである．右図から，

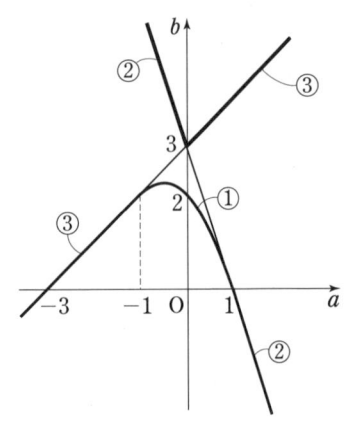

$\begin{cases} a \leq 0 \ \text{のとき}, \ M(a) = -3a + 3 \\ 0 \leq a \ \text{のとき}, \ M(a) = a + 3 \end{cases}$
$\begin{cases} a \leq -1 \ \text{のとき}, \ m(a) = a + 3 \\ -1 \leq a \leq 1 \ \text{のとき}, \ m(a) = -a^2 - a + 2 \\ 1 \leq a \ \text{のとき}, \ m(a) = -3a + 3 \end{cases}$

（2） $(*)$ により，$f(x)$ の最小値は $-a^2 - a + 2$ であるから，$f(x)$ の値が常に 0 以上であるような a の値の範囲は，$-a^2 - a + 2 \geq 0$
$\quad \therefore \ (a+2)(a-1) \leq 0 \quad \therefore \ -2 \leq a \leq 1$

（3） ［$M(a) - m(a)$ の増減が図から容易にわかるところから処理し，］
上図から，$0 \leq a \leq 1$ のとき，$M(a) - m(a)$ は増加する．よって，この範囲で
$\quad a = 0$ のとき最小値 1，$a = 1$ のとき最大値 4 をとる． $\cdots\cdots\cdots\cdots$ ④
次に，$-2 \leq a \leq -1$ のとき，$M(a)$ は減少，$m(a)$ は増加するから，
$M(a) - m(a) = ② - ③ = -4a$ は減少する．この範囲で
$\quad a = -2$ のとき最大値 8，$a = -1$ のとき最小値 4 をとる． $\cdots\cdots\cdots$ ⑤
$-1 \leq a \leq 0$ のとき，$M(a) - m(a) = ② - ① = a^2 - 2a + 1 = (a-1)^2$
これは減少するから，この範囲で

$a=-1$ のとき最大値 4, $a=0$ のとき最小値 1 をとる. ················⑥

④～⑥により，求める**最大値は 8, 最小値は 1** である.

2. 極値を与える点の x 座標が簡単にならないと大変ですが，本問は大丈夫．前問と同様に，最大値，最小値の候補のグラフを活用してみます．

解 $f(x)=x^3-(3p+2)x^2+8px$ とおくと，
$$f'(x)=3x^2-2(3p+2)x+8p=(3x-4)(x-2p)$$
$0\leqq x\leqq 1$ において，極値となり得るのは $f(2p)$ だけである．
よって，$0\leqq x\leqq 1$ における最大値と最小値は，次のいずれかである．
$$f(2p)=8p^3-(3p+2)\cdot 4p^2+16p^2=-4p^3+8p^2 \ (=-4p^2(p-2))$$

($f(2p)$ は，$0\leqq 2p\leqq 1$，つまり $0\leqq p\leqq \dfrac{1}{2}$ のときのみ参加)

$f(0)=0$

$f(1)=1-(3p+2)+8p=5p-1$

ここで，pq 平面上に $0<p<1$ の範囲で

$q=-4p^3+8p^2 \ \left(0<p\leqq \dfrac{1}{2}\right)$ ············①

$q=0$ ·······················②

$q=5p-1$ ·················③

を描き，これらのグラフの一番大きい値を辿ったもの（極太線）が最大値のグラフであり，一番小さい値を辿ったもの（中太線）が最小値のグラフである．なお，

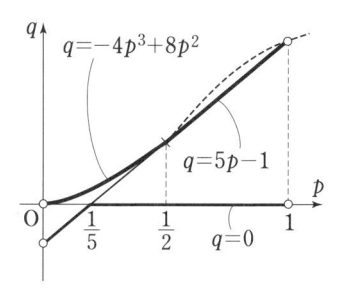

①－③$=-(4p^3-8p^2+5p-1)=-(2p-1)(2p^2-3p+1)$ (☞注)
$\qquad\quad =-(2p-1)^2(p-1) \ (\geqq 0)$ ·····················④

であるから，①は③の上側にある．したがって，上図のようになり，

最大値は，$0<p\leqq \dfrac{1}{2}$ のとき $-4p^3+8p^2$, $\dfrac{1}{2}\leqq p<1$ のとき $5p-1$

最小値は，$0<p\leqq \dfrac{1}{5}$ のとき $5p-1$, $\dfrac{1}{5}\leqq p<1$ のとき 0

▷**注** $p=\dfrac{1}{2}$ のとき，$f(2p)=f(1)$ なので，このとき①と③の値は等しくなります．よって，①－③は，$2p-1$ を因数に持つので，実際に割り算をして因数分解しています．また，④により，$p=\dfrac{1}{2}$ は ①＝③ の重解なので，$p=\dfrac{1}{2}$ で①と③は接します．

❸ 座標平面上に実現する

1. 最初の式は因数分解できることに注意しましょう．距離に結びつけます．

解 $2x^4-2x^3y-3x^3+3x^2y-xy+y^2+x-y=0$

$\therefore\ 2x^3(x-y)-3x^2(x-y)-y(x-y)+x-y=0$

$\therefore\ (x-y)(2x^3-3x^2-y+1)=0$

$\therefore\ x-y=0$ または $2x^3-3x^2-y+1=0$

よって，点 $X(x,\ y)$ は，直線 $l:y=x$ または曲線 $D:y=2x^3-3x^2+1$ 上を動く．

一方，$x^2+y^2-4y+4=x^2+(y-2)^2$ ……………………………………①

は $A(0,\ 2)$ とおくと，

$$①=AX^2$$

となるから，A からの距離が最小となるときを考えればよい．

D に関して，
$$y'=6x^2-6x=6x(x-1)$$
であるから，l, D を図示すると右図のようになる．

l または D 上の点で A からの距離が最小になるのは $(0,\ 1)$ である．右図のように，A を中心とする半径1の円 C を描いてみると，$(0,\ 1)$ 以外は円 C の外側にあるからである．

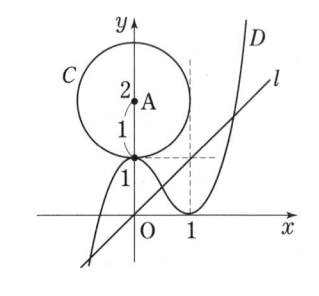

よって，AX の最小値は1であるから，求める①の最小値は **1** である．

⇨**注** $X=(0,\ 1)$ のとき最小であることについて： 上図のように直線 $x=1$ と $y=1$ も描けば，何の紛れもありません．

2. 分数式を傾きと見ます．

解 xy 平面上で，
$$x^2+y^2=1,\ y\geqq 0$$
をみたす $P(x,\ y)$ の全体は右図の半円 C．また，$\dfrac{y+1}{x-3}$ (k とおく) は，

$A(3,\ -1)$ と P を結ぶ直線の傾きを表す．

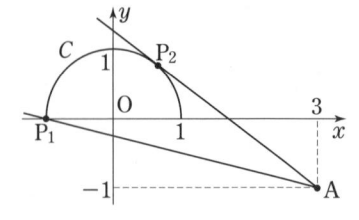

よって，k が最大になるのは $P=P_1(-1,\ 0)$ のときで，**最大値は $-\dfrac{1}{4}$**．

最小になるのは $P=P_2$ のときで，直線 $AP_2:y=k(x-3)-1$ ……① と C が

接する．このとき，

$$(\mathrm{O}(0,0) と ① の距離) = \frac{|-3k-1|}{\sqrt{k^2+1}} = 1$$

$\therefore\ |3k+1| = \sqrt{k^2+1}$ $\therefore\ (3k+1)^2 = k^2+1$

で，$4k^2+3k=0$．$k<0$ より**最小値は** $-\dfrac{3}{4}$

3. $0 \leq x < 2\pi$ で x が動くときは，与式の左辺を合成して容易に解決します．x の範囲が限定されているときに，$a\cos x + b\sin x$ の形の式の取り得る値の範囲をとらえる場合は，合成よりも内積と見る方がお勧めです．どんなときに最大・最小になるかが，視覚的に容易に処理できるからです．

解 $c = \cos x + 3\sin x = \begin{pmatrix} 1 \\ 3 \end{pmatrix} \cdot \begin{pmatrix} \cos x \\ \sin x \end{pmatrix}$

$\vec{u} = \begin{pmatrix} 1 \\ 3 \end{pmatrix}$, $\vec{v} = \begin{pmatrix} \cos x \\ \sin x \end{pmatrix}$ とおくと，$c = \vec{u} \cdot \vec{v}$

$\vec{u}$, $\vec{v}$ の始点を O とする．$0 \leq x \leq \dfrac{\pi}{2}$ より，$\vec{v}$ の終点 P は図の半径 1 の四分円 C 上にある．$|\vec{u}|$, $|\vec{v}|$ は一定であるから，$\vec{u}$ と $\vec{v}$ のなす角が小さいほど $\vec{u} \cdot \vec{v}$ は大きい．

右図のように α を定め，$\vec{u} \cdot \vec{v} = f(x)$ とおくと，$f(x)$ の増減は下表のようになり，$x = 0$ で最小，$x = \alpha$ で最大となる．

x	0		α		$\dfrac{\pi}{2}$
$f(x)$		↗		↘	

$x = \alpha$ のとき，$\vec{v}$ は $\vec{u}$ と同じ向きであるから，

$$f(\alpha) = |\vec{u}||\vec{v}| = \sqrt{1^2 + 3^2} \cdot 1 = \sqrt{10}$$

$$f\left(\frac{\pi}{2}\right) = \begin{pmatrix} 1 \\ 3 \end{pmatrix} \cdot \begin{pmatrix} 0 \\ 1 \end{pmatrix} = 3$$

$z = f(x)$ のグラフの概形は右図のようになるから，$f(x) = c$ が異なる 2 解をもつような c の範囲は，$\mathbf{3 \leq c < \sqrt{10}}$

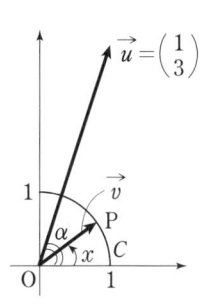

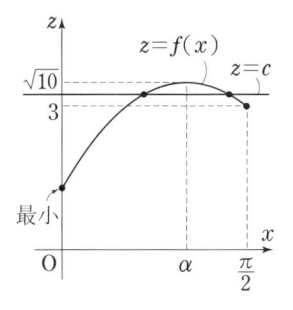

4 曲線の束

1. 交点の座標を求めると汚くなります．例題1と同様に「曲線の束」の考え方が有効です．

解
$$x^2+y^2-9=0 \quad \cdots\cdots ①$$
$$x^2-2x+y^2-6y-7=0 \quad \cdots\cdots ②$$

（1） ②は $(x-1)^2+(y-3)^2=17$ だから，

中心 $(1, 3)$，半径 $\sqrt{17}$

（2） ①②をともに満たす (x, y) は，①+②×k である
$$(x^2+y^2-9)+k(x^2-2x+y^2-6y-7)=0 \quad \cdots\cdots ③$$
を満たすから，③は①②の交点を通る．

［③が1次式になるように］③で，$k=-1$ として，
$$(x^2+y^2-9)-(x^2-2x+y^2-6y-7)=0$$
$$\therefore\ 2x+6y-2=0 \qquad \therefore\ \boldsymbol{x+3y-1=0}$$

（3） ③が $(-2, -2)$ を通るとき，③に $x=y=-2$ を代入して，
$$(-1)+k\cdot 17=0 \qquad \therefore\ k=\frac{1}{17}$$

よって，③で，$k=\dfrac{1}{17}$ として，両辺17倍して
$$17(x^2+y^2-9)+(x^2-2x+y^2-6y-7)=0$$
$$\therefore\ \boldsymbol{9x^2-x+9y^2-3y-80=0}$$

2. （1） 交点の座標を求めます．
（2） C と円の方程式を連立させますが，出てきた4次式は，（1）より ax^2-b を因数に持つはず．
（3） 束で攻めましょう．

解 （1） $C: y=ax^2+x-b$ と $y=x$ を連立すると，
$$ax^2+x-b=x \quad \therefore\ ax^2=b \quad \cdots\cdots ①$$

よって，交点の座標は $\left(\pm\sqrt{\dfrac{b}{a}},\ \pm\sqrt{\dfrac{b}{a}}\right)$
（複号同順）．これらを A, B とする．

$OA^2=OB^2=\dfrac{2b}{a}$ であるから，求める円 D の

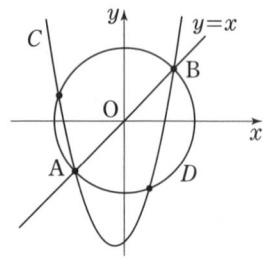

方程式は
$$D : x^2 + y^2 = \frac{2b}{a}$$

（2） C を D に代入して，a 倍すると，
$$ax^2 + a(ax^2 + x - b)^2 = 2b$$
$$\therefore \ ax^2 - b + a\{(ax^2 - b) + x\}^2 - b = 0$$
$$\therefore \ a(ax^2 - b)^2 + 2ax(ax^2 - b) + 2(ax^2 - b) = 0$$
$$\therefore \ (ax^2 - b)(a^2x^2 + 2ax - ab + 2) = 0 \quad \cdots\cdots\cdots ②$$

よって，$a^2x^2 + 2ax - ab + 2 = 0$ ……③ が異なる2実数解を持ち，①と共通解を持たない条件を求めればよい．

　　　　（③の判別式）$/4 = a^2 - a^2(-ab+2) > 0$
　　　　$\therefore \ a^2(ab-1) > 0 \qquad \therefore \ ab > 1 \quad \cdots\cdots\cdots ④$

①と共通解を持つとすると，③－①×a より $2ax + 2 = 0$ で，$x = -\dfrac{1}{a}$．

これを①に代入すると $\dfrac{1}{a} = b$．これは④に反する．答えは④

（3）（4交点を通る曲線 $E : x = py^2 + qy + r$ は存在しても1つであることを認めれば）方程式
$$(ax^2 + x - b - y) + k\left(x^2 + y^2 - \frac{2b}{a}\right) = 0$$
は C と D の4交点を通る曲線を表す．$k = -a$ とすると，
$$x - ay^2 - y + b = 0 \qquad \therefore \ x = ay^2 + y - b$$
したがって，$p = a, \ q = 1, \ r = -b$

⇨注 （3） C と D の代わりに，C と E を用いて，
$$k(ax^2 + x - b - y) + l(py^2 + qy + r - x) = 0$$
として，これが D を表すような k, l, p, q, r を求める，という方法もあります（4交点を通る円が1つしかないことは明らか）．

3. （2） 素直に計算してもたいしたことはありません（⇨注）が，例題5と同様に「割り算」で答えが出てきます．

解 （1） $f(x) = x^3 + ax^2 + (3a-6)x + 5$ のとき，
$$f'(x) = 3x^2 + 2ax + 3a - 6$$
関数 $y = f(x)$ が極値をもつ条件は，2次関数 $f'(x)$ の符号が変化すること，つまり，2次方程式 $f'(x) = 0$ が相異なる2実解をもつことである．

よって，求める a の範囲は，（判別式）$/4>0$ より
$$a^2-3(3a-6)>0 \qquad \therefore \quad a^2-9a+18>0$$
$$\therefore \quad (a-3)(a-6)>0 \qquad \therefore \quad \boldsymbol{a<3 \text{ または } 6<a}$$

（2） $f(x)$, $f'(x)$ を x の多項式と見て，$f(x)$ を $f'(x)$ で実際に割ると，商（$Q(x)$ とする）と余り（$R(x)$ とする）は，
$$Q(x)=\frac{1}{3}x+\frac{1}{9}a$$
$$R(x)=\left(-\frac{2}{9}a^2+2a-4\right)x-\frac{1}{3}a^2+\frac{2}{3}a+5$$
となる．

$f(x)=Q(x)f'(x)+R(x)$ であり，$f'(p)=0$, $f'(q)=0$ であるから，
$$f(p)=R(p), \quad f(q)=R(q)$$
よって，P$(p, f(p))$, Q$(q, f(q))$ は，$y=R(x)$ 上にあり，$R(x)$ は1次以下であるから，$y=R(x)$ は P, Q を結ぶ直線の方程式に他ならない．

よって，求める直線 PQ の傾き m は，
$$\boldsymbol{m=-\frac{2}{9}a^2+2a-4}$$

⇨注 p, q は $f'(x)=0$ の2解であるから，解と係数の関係より，
$$p+q=-\frac{2}{3}a, \quad pq=a-2$$
が成り立つ．
$$\begin{aligned}
m=\frac{f(p)-f(q)}{p-q} &= \frac{(p^3-q^3)+a(p^2-q^2)+(3a-6)(p-q)}{p-q} \\
&= p^2+pq+q^2+a(p+q)+3a-6 \\
&= (p+q)^2-pq+a(p+q)+3a-6 \\
&= \frac{4}{9}a^2-(a-2)-\frac{2}{3}a^2+3a-6 \\
&= -\frac{2}{9}a^2+2a-4
\end{aligned}$$

⑤ 逆手流

1．（2） $x=k$ を実現する実数 y が存在するための k の条件を考えます．本問の場合，y の満たす2次方程式が実数解を持つための条件に帰着されるので，判別式 $\geqq 0$ から求められます．

解　（1） $x^2+2y^2-4y=2$ ……① のとき，$2y^2-4y=2-x^2$
よって，
$$x+4y^2-8y=x+2(2-x^2)=-2x^2+x+4 \quad \cdots\cdots ②$$

（2） $x=k$ とおき，①に代入して y について整理すると，
$$2y^2-4y+k^2-2=0$$
これを満たす実数 y が存在するための条件は，判別式 $\geqq 0$，つまり，
$$2^2-2(k^2-2)\geqq 0 \quad \therefore\ k^2\leqq 4 \quad \therefore\ -2\leqq k\leqq 2$$
したがって，求める x の範囲は，$-2\leqq x\leqq 2$ ……③

（3） ②を平方完成して，$② = -2\left(x-\dfrac{1}{4}\right)^2+\dfrac{33}{8}$ ……④

よって，x が③の範囲を動くとき，④は $x=\dfrac{1}{4}$ において**最大値** $\dfrac{33}{8}$ をとり，$x=-2$ において**最小値** -6（②に代入して計算）をとる．

2．$x+y=k$ とおいて，y を消去すれば解決します（☞解1）．条件式，求値式がともに x, y の対称式であることに着目する方法もあります（☞解2）．

解1　$x+y=k$ とおくと，$y=k-x$ ……① であるから，$x^3+y^3=3xy$ ……② より，
$$x^3+(k-x)^3=3x(k-x)$$
$$\therefore\ 3(k+1)x^2-3k(k+1)x+k^3=0 \quad \cdots\cdots ③$$
ここで，$k=-1$ とすると，上式は成り立たないから，③を満たす実数 x が存在する条件は，
$$k\neq -1 \text{ かつ } \{3k(k+1)\}^2-4\cdot 3(k+1)\cdot k^3\geqq 0$$
$$\therefore\ k\neq -1 \text{ かつ } k^2(k+1)(k-3)\leqq 0$$
$$\therefore\ -1<k\leqq 3$$
このとき，③より x を，①より y を定めると，②が成り立つから，$x+y=k$ のとり得る値の範囲は，
$$-1<x+y\leqq 3$$

解2 $x+y=k$ とおくと,$x^3+y^3=3xy$ より,
$$(x+y)^3-3xy(x+y)=3xy$$
$$\therefore\ k^3-3kxy=3xy$$

ここで,$k=-1$ とすると,上式は成り立たないから,$k\neq-1$ であり,
$$xy=\frac{k^3}{3(k+1)}$$

よって,$x+y=k$ とあわせて,x,y は,t の2次方程式
$$t^2-kt+\frac{k^3}{3(k+1)}=0$$

の2解であるから,x,y が実数であることより,求める範囲は,
$$k^2-4\cdot\frac{k^3}{3(k+1)}\geq 0$$
$$\therefore\ \frac{3k^2(k+1)-4k^3}{3(k+1)}\geq 0 \qquad \therefore\ \frac{k^2(k-3)}{3(k+1)}\leq 0$$

左辺は,$k=-1$,3 の前後で符号変化することに注意して,これを満たす k の範囲は,$-1<k\leq 3$ $\qquad\therefore\ -1<\boldsymbol{x+y}\leq 3$

3. 本問のように,点 P に点 Q を対応させることを変換といいます.例題 3 も,『$x+y=X$,$x-y=Y$ とする.P(x, y) に Q(X, Y) を対応させる.P が,$-1\leq x\leq 2$,$-2\leq y\leq 1$ ……① を満たしながら動くとき,Q が動く範囲を図示せよ』ということなので,変換の問題です.

これを逆手流で解くときの p.46 の目標は,次のように言い直せます.

> Q(k, l) を実現する P(x, y) が①に含まれるための k,l の条件を求める.

つまり,

点 Q の変換前の点 P が①に含まれるための Q の座標の条件を求める …☆

ことが目標となります.p.46 の解説では,定数と見ていることがはっきりするように k,l を用いていましたが,ここでは X,Y のまま☆をとらえることにしましょう.実際の答案ではこのように書いた方がすっきりと表現できます.

☆を用いて本問を解くには,

> P(x, y),Q(X, Y) について,x,y を X,Y で表して,
> x,y の満たす関係式(本問の場合,$x=1$ で y は何でもよい)
> に代入

すればO.K.です．このようにすれば，求めるべき X, Y の関係式（点 Q の座標の満たす関係式）が機械的に得られます．

点 P に点 Q を対応させるので，X, Y を x, y で表したくなりますが，そうではなく，Q の座標を主役にして P を表すところが慣れない人にとっては難しいところです．

解 いま，$\overrightarrow{OP}$ と $\overrightarrow{OQ}$ は同じ向きであるから，
$$\overrightarrow{OP} = \frac{OP}{OQ}\overrightarrow{OQ} = \frac{4}{OQ^2}\overrightarrow{OQ} \quad \left((a) \text{より } OP = \frac{4}{OQ}\right)$$

$Q(X, Y)$ とおく．$Q \neq O$ より $(X, Y) \neq (0, 0)$ ……………①

であり，$P\left(\dfrac{4X}{X^2+Y^2}, \dfrac{4Y}{X^2+Y^2}\right)$

P は直線 $x=1$ 上を動くので，X, Y が満たす条件は，①のもとで考えると，

$\dfrac{4X}{X^2+Y^2} = 1$

$\therefore \quad X^2 + Y^2 = 4X$

$\therefore \quad (X-2)^2 + Y^2 = 4$

X, Y を x, y に書き直して，Q の軌跡は

$(x-2)^2 + y^2 = 4$, $(x, y) \neq (0, 0)$

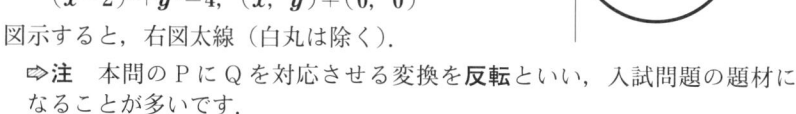

図示すると，右図太線（白丸は除く）．

⇨**注** 本問の P に Q を対応させる変換を**反転**といい，入試問題の題材になることが多いです．

❻ 線形計画法

1．（2） 例題 1 と同様ですが，m の値による場合分けが起こります．どの点で最大・最小となるのか，いろいろ図を描いて考えましょう．なお，2章で紹介した方法を活用する手もあります（☞別解）．

解　$x+y \geqq 8$ ……………………………………①
　　　　$x-2y \leqq 2$ …………………………………②
　　　　$x+3y \leqq 22$ ………………………………③

（1）右図網目部．

（2）$mx+y=k$ とおく．$y=-mx+k$ ……④
と D が共有点をもつ最大の k と最小の k について，$-m$ が小さい方から考えて，④を図示すると次の 4 タイプになる．

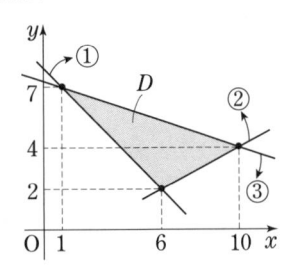

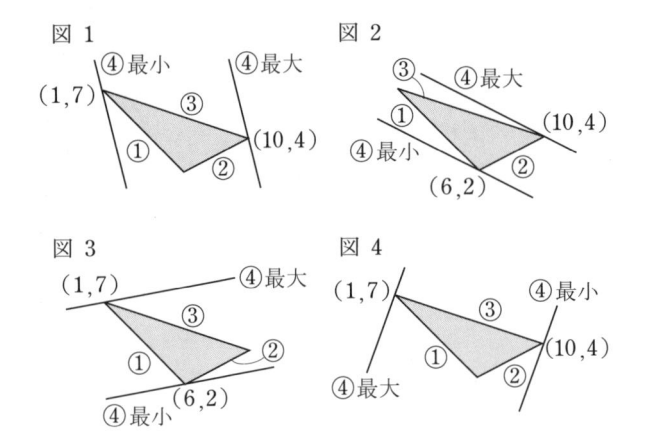

図1　図2　図3　図4

$-m \leqq -1$（①の傾き以下）のとき図 1 になるので
　　$m \geqq 1$ のとき　$m+7 \leqq mx+y \leqq 10m+4$

$-1 \leqq -m \leqq -\dfrac{1}{3}$（①と③の間）のとき図 2 になるので，
　　$\dfrac{1}{3} \leqq m \leqq 1$ のとき　$6m+2 \leqq mx+y \leqq 10m+4$

$-\dfrac{1}{3} \leqq -m \leqq \dfrac{1}{2}$（③と②の間）のとき図 3 になるので，
　　$-\dfrac{1}{2} \leqq m \leqq \dfrac{1}{3}$ のとき　$6m+2 \leqq mx+y \leqq m+7$

$\frac{1}{2} \leq -m$ (②以上) のとき図4になるので,

$m \leq -\frac{1}{2}$ のとき $10m+4 \leq mx+y \leq m+7$

* *

k を大きい方から小さい方へ変化させるとき,直線④は上から降りてくるように動きますが,D と初めて接触する点は D(三角形)のカドの点です.同様に,k を小さい方から大きい方へ変化させるときも,D と初めて接触する点は D のカドの点です.よって,$mx+y$ の最大値と最小値の候補は,$mx+y$ に D のカドの点の座標を代入した場合に限られます.

別解 (2) D は,右図の △ABC の周および内部である.

$$mx + y = k \quad \cdots\cdots ⑤$$

とおくと,k の最大値・最小値の候補は,直線⑤が △ABC の頂点を通るときに限られる.

⑤が A,B,C を通るとき,それぞれ

$k = m \cdot 1 + 7 = m + 7$ ……⑥
$k = m \cdot 6 + 2 = 6m + 2$ ……⑦
$k = m \cdot 10 + 4 = 10m + 4$ ……⑧

である.ここで,mk 平面上に⑥〜⑧のグラフを描き,これらのグラフの一番大きいものを辿ったもの(極太線)が k の最大値のグラフであり,一番小さい値を辿ったもの(中太線)が k の最小値のグラフである.右図から,

最大値は,$m \leq \frac{1}{3}$ のとき $m+7$

$\frac{1}{3} \leq m$ のとき $10m+4$

最小値は,$m \leq -\frac{1}{2}$ のとき $10m+4$

$-\frac{1}{2} \leq m \leq 1$ のとき $6m+2$

$1 \leq m$ のとき $m+7$

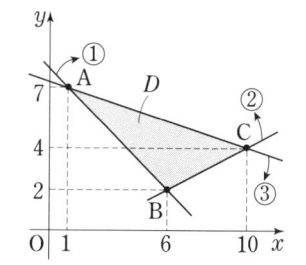

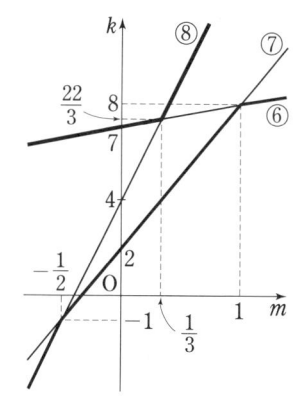

2. 等式の条件があるときは，それを使ってどれか1文字を消去するのが原則です．
（1）z を消去すれば，x, y（2文字）に関する3つの不等式が得られ，それらが表す領域を xy 平面に表せば O.K. です．
（2）（1）がクリアできれば，線形計画法の問題です．

解 （1） $x \leq y \leq z \leq 1$ ……①, $4x+3y+2z=1$ …………②
②を z について解いて，
$$z = \frac{1-4x-3y}{2} \quad \cdots\cdots②'$$
①に代入して，$x \leq y \leq \dfrac{1-4x-3y}{2} \leq 1$

∴ $y \geq x$, $y \leq \dfrac{1}{5} - \dfrac{4}{5}x$, $y \geq -\dfrac{1}{3} - \dfrac{4}{3}x$

これを満たす点 (x, y) 全体からなる領域を D とすると，D は右図の網目部を表す．

（2） ②′により，
$$3x-y+z = 3x-y+\frac{1-4x-3y}{2}$$
$$= x - \frac{5}{2}y + \frac{1}{2} \quad \cdots\cdots③$$

$x - \dfrac{5}{2}y$ が k という値を取り得る条件は，直線 $x - \dfrac{5}{2}y = k$ ………④

が D と共有点を持つことである．④の x 切片は k，傾きは $\dfrac{2}{5}$ である．

この傾きについて，直線 AB より小さく，BC，CA よりも大きいから，k は，直線④が点 A を通るとき最大で，点 C を通るとき最小となる．よって，

k の最大値は，$-\dfrac{1}{7} + \dfrac{5}{2} \cdot \dfrac{1}{7} = \dfrac{3}{14}$，最小値は，$-1 - \dfrac{5}{2} = -\dfrac{7}{2}$

したがって，求める範囲は，③により，
$$-3 \leq 3x - y + z \leq \frac{5}{7}$$

⇨**注** 本問は(1)を改題してあります．原題では，「x の最大値と y の最小値を求めよ．」でした．（1）の図から，x の最大値は $\dfrac{1}{9}$，y の最小値は $-\dfrac{1}{7}$ です．

3.（3） $2y-x^2=k$ とおいて，放物線と D が共有点を持つときを考えることになります．

解（1） $x+y=4$ と $2x+y=6$ の交点は
$$(2,\ 2).$$
$x+y=4$ と $y-3x=12$ の交点は
$$(-2,\ 6).$$
よって，D は右図の網目部（境界を含む）．

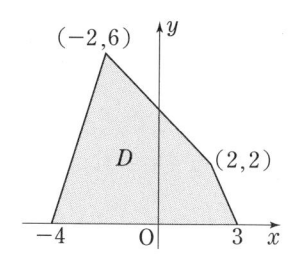

（2） $4x-y$ が値 k をとるのは，$4x-y=k$ となる点 $(x,\ y)$ が D 上にあるときで（k を固定すると），

　　　　直線 $l:4x-y=k$ と D が共有点を持つとき

と言い換えられる．このとき，l の y 切片が $-k$ であるので，y 切片の最大値，最小値を考えればよい．

l の傾きは 4 であるから，右図より，$-k$ は $l=l_1$ のとき最大，$l=l_2$ のとき最小．従って，**k の最大値は** $(\boldsymbol{x},\ \boldsymbol{y})=(3,\ 0)$ **のときの** 12，**最小値は** $(\boldsymbol{x},\ \boldsymbol{y})=(-4,\ 0)$ **のときの** -16

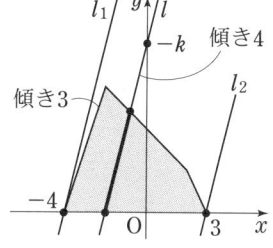

（3）（2）と同様に，放物線 $C:2y-x^2=k$ と D が共有点を持つとき，C の頂点の y 座標 $\dfrac{k}{2}$ の最大値，最小値を考えればよい．

C に関して，$y'=x$ であるから，$x=-1$ で $x+y=4$ に接する．よって，右図より，$\dfrac{k}{2}$ は $C=C_1$ のとき最大，$C=C_2$ のとき最小．従って，**k の最大値は** $(\boldsymbol{x},\ \boldsymbol{y})=(-1,\ 5)$ **のときの** 9，**最小値は** $(\boldsymbol{x},\ \boldsymbol{y})=(-4,\ 0)$ **のときの** -16

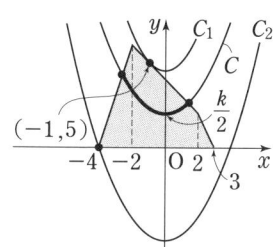

7 通過領域

1.（2） $y=\cdots\cdots$ or $x=\cdots\cdots$ の形に直すとルートの汚い式が現れるので，ファクシミリの原理ではなく逆手流を採用します．逆手流であっさり解決します．

解（1） $C_k : x^2+y^2+x+(2k+1)y+k^2+1=0$ ……①

を，x, y それぞれについて平方完成すると，

$$\left(x+\frac{1}{2}\right)^2+\left(y+\frac{2k+1}{2}\right)^2-\frac{1}{4}-\frac{(2k+1)^2}{4}+k^2+1=0$$

$$\therefore \left(x+\frac{1}{2}\right)^2+\left(y+\frac{2k+1}{2}\right)^2=k-\frac{1}{2} \quad \cdots\cdots ②$$

したがって，求める k の範囲は $\boldsymbol{k \geq \dfrac{1}{2}}$

（2） 点 (X, Y) を通る①が存在するための条件は，

$$X^2+Y^2+X+(2k+1)Y+k^2+1=0 \quad \cdots\cdots ③$$

を満たす実数 k が存在することである．③を k について整理すると，

$$k^2+2Yk+(X^2+Y^2+X+Y+1)=0 \quad \cdots\cdots ④$$

よって，この k の2次方程式が実数解を持つための条件を求めればよい．判別式を D とすると，$D/4 \geq 0$ が成り立つことと同値である（☞注）．

したがって，

$$D/4 = Y^2-(X^2+Y^2+X+Y+1) \geq 0$$

$$\therefore Y \leq -X^2-X-1$$

よって，求める領域は $y \leq -x^2-x-1$ であり，これを図示すると，右図の網目部（境界を含む）である．

☞注 （2）で，（1）にまどわされて，C_k の通過領域は，

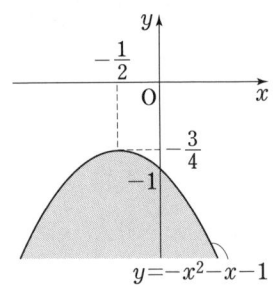

「④を満たす実数解が $k \geq \dfrac{1}{2}$ の範囲に少なくとも1つある条件」と考えたくなります．しかし，④すなわち③を満たす実数 k は，②で $x \Rightarrow X$, $y \Rightarrow Y$ とした式を満たし，式の形から必然的に $k \geq \dfrac{1}{2}$ を満たすので，$D \geq 0$ の条件を考えるだけで O.K. なのです．

2.（2） 逆手流だと解の配置の問題になります．ファクシミリの原理を採用しましょう．

解（1） $A(t, 1)$（$t \leq -1$ または $1 \leq t$）について，

$$OA \text{ の傾きは } \frac{1}{t}, \quad OA \text{ の中点は } \left(\frac{t}{2}, \frac{1}{2}\right)$$

であるから，OA の垂直二等分線の方程式は，

$$y = -t\left(x - \frac{t}{2}\right) + \frac{1}{2} \quad \therefore \quad \boldsymbol{y = -tx + \frac{t^2}{2} + \frac{1}{2}} \quad \cdots\cdots\cdots ①$$

（2） まず，直線 $x=k$ 上での通過部分を求める．① に $x=k$ を代入して，

$$y = \frac{1}{2}t^2 - kt + \frac{1}{2} = \frac{1}{2}(t-k)^2 + \frac{1}{2} - \frac{1}{2}k^2 \quad \cdots\cdots\cdots ②$$

よって，y の値域は次のようになる．

1° $k \leq -1$ または $1 \leq k$ のとき．
　② は $t=k$ のとき最小となり，
$$y \geq \frac{1}{2} - \frac{1}{2}k^2$$

2° $-1 \leq k \leq 1$ のとき．
　② は $t=-1$ か $t=1$ のときに最小となり，
$$y \geq \min\{1+k, \ 1-k\}$$

k を動かすと，① の通過範囲は，
$x \leq -1$ または $1 \leq x$ のとき
$$y \geq \frac{1}{2} - \frac{1}{2}x^2$$
$-1 \leq x \leq 1$ のとき
$$y \geq \min\{1+x, \ 1-x\}$$

であり，これを図示すると右図の網目部（境界を含む）のようになる．

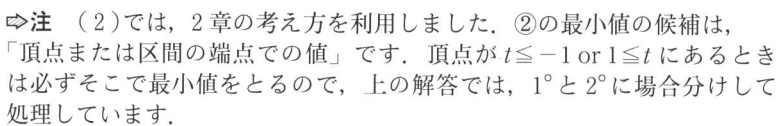

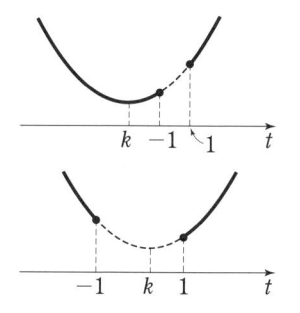

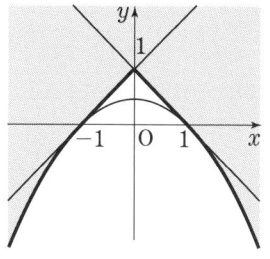

⇨**注**（2）では，2 章の考え方を利用しました．② の最小値の候補は，「頂点または区間の端点での値」です．頂点が $t \leq -1$ or $1 \leq t$ にあるときは必ずそこで最小値をとるので，上の解答では，1° と 2° に場合分けして処理しています．

❽ 余事象・和事象の確率

1. 例題4と同様に考えます.
（2） n 回とも8以下で, "少なくとも1回"が8ならばよいので, n 回とも8以下の中での余事象を考えましょう．（3）も同様です．
（4） n 回とも2以上8以下の場合から, 不適なものを除きましょう. ダブリに注意します．ベン図を描きましょう．

解　（1）　$(1, 9), (2, 8), \cdots, (9, 1)$
の9通りあるから, 答えは $\dfrac{9}{10^2}=\dfrac{9}{100}$

（2） n 回とも8以下が出る場合から, n 回とも7以下が出る場合を除いたものであるから, $\left(\dfrac{8}{10}\right)^n-\left(\dfrac{7}{10}\right)^n$

（3） n 回とも2以上が出る場合から, n 回とも3以上が出る場合を除いたものであるから, $\left(\dfrac{9}{10}\right)^n-\left(\dfrac{8}{10}\right)^n$

（4） n 回とも2以上8以下が出る場合から,
1°　n 回とも2以上7以下
2°　n 回とも3以上8以下
の場合を除いたものである．ただし, 1°, 2°
では,
　n 回とも3以上7以下
の場合が重複している．よって, 答えは,

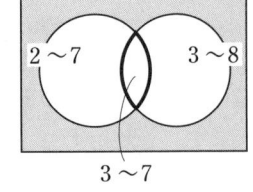

$$\left(\dfrac{7}{10}\right)^n-\left\{\left(\dfrac{6}{10}\right)^n+\left(\dfrac{6}{10}\right)^n-\left(\dfrac{5}{10}\right)^n\right\}$$
$$=\left(\dfrac{7}{10}\right)^n-2\cdot\left(\dfrac{6}{10}\right)^n+\left(\dfrac{5}{10}\right)^n$$

⇨注　（2）よくある誤答は,
　「ある回が8, 残りの回は1～8の何でもよい $\left(n\times\dfrac{1}{10}\times\left(\dfrac{8}{10}\right)^{n-1}\right)$」
とするものです．これだと, 例えば n 回のうちの a 回目と b 回目に8が出るとき, ―― が a 回目の場合と, ―― が b 回目の場合がダブります．
"残りは何でもよい"はダブリのもとになりやすいことに注意しましょう．

2. $10=2\times 5$ なので,2かつ5で割り切れる確率です.例題5(3)と同様な問題で,余事象に着目しましょう.

解 (2) 10の倍数 $\Longleftrightarrow$ 2の倍数かつ5の倍数であるから,積が10の倍数にならないのは,

   偶数の目が1個も出ない ……………①

または,

   5の目が1個も出ない ……………②

場合である.

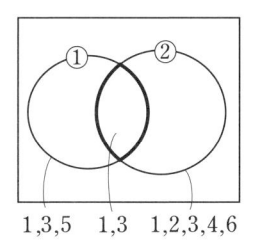

①は全部奇数の目が出る場合で,確率は $\left(\dfrac{3}{6}\right)^n$

②の確率は $\left(\dfrac{5}{6}\right)^n$

①かつ②は,全部"1か3"の場合で,確率は $\left(\dfrac{2}{6}\right)^n$

よって,①または②の確率は $\left(\dfrac{3}{6}\right)^n+\left(\dfrac{5}{6}\right)^n-\left(\dfrac{2}{6}\right)^n$

答えは,$1-\left\{\left(\dfrac{3}{6}\right)^n+\left(\dfrac{5}{6}\right)^n-\left(\dfrac{2}{6}\right)^n\right\}$ ……………………………③

  $=1-\left(\dfrac{1}{2}\right)^n-\left(\dfrac{5}{6}\right)^n+\left(\dfrac{1}{3}\right)^n$

(1) ③により,$1-\dfrac{3^3+5^3-2^3}{6^3}=1-\dfrac{144}{6^3}=1-\dfrac{2}{3}=\dfrac{1}{3}$

9 合同式

1. （1） $6=2\times 3$ なので，2 の倍数かつ 3 の倍数を示します.
（2） 例題 2 の（2）と同様な問題です. $3^6\equiv 1\pmod 7$ になるはずです.

解 （1） $n(n^2+5)$ ……① が 2 の倍数であり，3 の倍数であることを示せばよい.

（i） ①が 2 の倍数であること： 以下，$\equiv$ は mod 2 を省略したものとする. $n\equiv 0$ か $n\equiv 1$ である.

$n\equiv 0$ のときは明らか.

$n\equiv 1$ のとき，$n^2+5\equiv 1^2+5=6\equiv 0$ で，①は 2 の倍数.

（ii） ①が 3 の倍数であること： $\equiv$ は mod 3 とする. $n\equiv -1,\ 0,\ 1$ のいずれか. $n\equiv 0$ のときは明らか.

$n\equiv \pm 1$ のとき，$n^2+5\equiv (\pm 1)^2+5=6\equiv 0$ で，①は 3 の倍数.

以上で示された.

（2） $\equiv$ は mod 7 とする. $n=6m$（m は自然数）とおく. $3^n=3^{6m}=(3^6)^m$ であり，

$3^2=9\equiv 2,\ 3^6=(3^2)^3\equiv 2^3=8\equiv 1,\ (3^6)^m\equiv 1^m=1$

よって，3^n を 7 で割った余りは 1.

2. いろいろなやり方が考えられますが，

$3^{3n-2}=3\cdot 3^{3n-3}=3\cdot 3^{3(n-1)}=3\cdot (3^3)^{n-1}=3\cdot 27^{n-1}$

などとしてから，mod 7 で変形していくと，証明できてしまいます.

解 $\equiv$ は mod 7 とする.

$3^{3n-2}=3\cdot 3^{3(n-1)}=3\cdot (3^3)^{n-1}=3\cdot 27^{n-1}$

ここで，$27\equiv -1$ であるから，

$3^{3n-2}\equiv 3\cdot (-1)^{n-1}$

次に，$5^{3n-1}=5^2\cdot 5^{3(n-1)}=5^2\cdot (5^3)^{n-1}\equiv (-2)^2\cdot \{(-2)^3\}^{n-1}$

$=4\cdot (-8)^{n-1}\equiv 4\cdot (-1)^{n-1}$

したがって，

$3^{3n-2}+5^{3n-1}\equiv 3\cdot (-1)^{n-1}+4\cdot (-1)^{n-1}=7(-1)^{n-1}\equiv 0$

3. （1） 3 で割り切れるかどうかが問題なのですから，$x,\ y$ を 3 で割った余りで分類して考えましょう.（2）（1）に倣い，割った余りに着目しま

しょう．両辺を割った余りが異なれば証明完了です．整数 x, y が存在したとすると x, y が 3 の倍数であることが導けます．なお，mod 8 に着目しても解決します（☞注）．

解 以下，$\equiv$ は mod 3 とする．整数 k に対して，$k \equiv -1$, 0, 1 のいずれかである．

（1） $2x^2 - y^2 = 9$, $9 \equiv 0$ より，$2x^2 - y^2 \equiv 0$ ……………………①

$x \equiv 0$ のとき $x^2 \equiv 0$ ∴ $2x^2 \equiv 0$

$x \equiv \pm 1$ のとき $x^2 \equiv 1$ ∴ $2x^2 \equiv 2$

また，$y \equiv 0$ のとき $y^2 \equiv 0$

$y \equiv \pm 1$ のとき $y^2 \equiv 1$

よって，①を満たす x^2, y^2 は，$x^2 \equiv 0$, $y^2 \equiv 0$ であるから，x, y は 3 の倍数．

（2） $\qquad\qquad 21x^2 - 10y^2 = 9$ …………………………………………②

を満たす整数 x, y が存在したとすると，②において $21x^2$ と 9 は 3 の倍数だから，$10y^2$ も 3 の倍数．よって，y^2 は 3 の倍数だから，y も 3 の倍数．そこで，

$$y = 3y' \quad (y' \text{は整数})$$

とおいて②に代入すると，$7x^2 - 30y'^2 = 3$ ………………………………③

同様に，$7x^2$ は 3 の倍数だから x^2 は 3 の倍数で，x も 3 の倍数．よって，

$$x = 3x' \quad (x' \text{は整数})$$

とおくと，③より，$21x'^2 - 10y'^2 = 1$ ………………………………………④

$21x'^2 \equiv 0$, $10y'^2 \equiv y'^2$ だから，④より，$-y'^2 \equiv 1$

すると，$y'^2 \equiv -1 \equiv 2$ ……⑤ となるが，（1）の過程から，$y'^2 \equiv 0$ or 1 であるから，⑤は起こりえない．

したがって，題意は示された．

➡**注** mod 8 で考える．整数 k に対して，$k \equiv -3$, -2, -1, 0, 1, 2, 3, 4 のいずれかであり，このとき，k^2 を 8 で割った余りは，下表のようになる．

$k \equiv$	-3	-2	-1	0	1	2	3	4
$k^2 \equiv$	1	4	1	0	1	4	1	0

つまり，整数 k に対して，$k^2 \equiv 0$ or 1 or 4 ……………………………⑥

一方，$21 \equiv 5$, $10 \equiv 2$, $9 \equiv 1$ だから，②を満たす整数 x, y が存在したとすると，$5x^2 - 2y^2 \equiv 1$ ……⑦ だが，⑥より，$5x^2 \equiv 0$ or 5 or 4, $2y^2 \equiv 0$ or 2 だから，⑦にはなりえない．

🔟 3次関数の見方

1. 3次関数のグラフの対称性に関する問題です．（2）のPQの中点が $y=f(x)$ の対称の中心ですが，（1）の $1+\sqrt{3}$ という汚い数値も $x-1$ を主役にしたくなるもとです．（4）は（3）を利用しましょう．

解 （1） $f(x)=\dfrac{x^3}{3}-x^2-x+\dfrac{8}{3}$

より，$f'(x)=x^2-2x-1=(x-1)^2-2$ ……………………①

$\quad\quad\therefore\quad f'(1+\sqrt{3})=(\sqrt{3})^2-2=1$

また，$f(x)=\dfrac{1}{3}(x^3-3x^2+3x-1)-2x+3$

$\quad\quad\quad =\dfrac{1}{3}(x-1)^3-2(x-1)+1$ ……………………②

より，$f(1+\sqrt{3})=\dfrac{1}{3}(\sqrt{3})^3-2\cdot\sqrt{3}+1=1-\sqrt{3}$

よって，**接線**は $y=\{x-(1+\sqrt{3})\}+1-\sqrt{3}\quad\therefore\quad \boldsymbol{y=x-2\sqrt{3}}$

法線は $y=-\{x-(1+\sqrt{3})\}+1-\sqrt{3}\quad\therefore\quad \boldsymbol{y=-x+2}$

（2） $f'(x_1)=f'(x_2)$ と①より，$(x_1-1)^2-2=(x_2-1)^2-2$

$\quad\therefore\quad (x_2-1)^2=(x_1-1)^2\quad\therefore\quad x_2-1=\pm(x_1-1)$

これと $x_2\ne x_1$ より $x_2-1=-(x_1-1)\quad\therefore\quad \boldsymbol{x_2=2-x_1}$

（3） ②より，$y=f(x)$ を x 軸方向に -1，y 軸方向に -1 平行移動すると，

$$\boldsymbol{y=\dfrac{1}{3}x^3-2x}\quad\text{……………………③}$$

これは原点に関して対称だから，$\boldsymbol{a=-1,\ b=-1}$ であり，平行移動後のグラフは③である．

（4） ③を $y=g(x)$，P, Q に対応する③上の点を $P_0\left(x_0,\ \dfrac{1}{3}x_0^3-2x_0\right)$ $(x_0\ne 0)$，Q_0 とおく．

P_0 における法線が Q_0 を通るとき，
（P_0 における接線）$\perp P_0Q_0$

対称性より，（P_0Q_0 の傾き）＝（OP_0 の傾き）＝$\dfrac{1}{3}x_0^2-2$

よって，$g'(x_0)\cdot\left(\dfrac{1}{3}x_0^2-2\right)=-1$

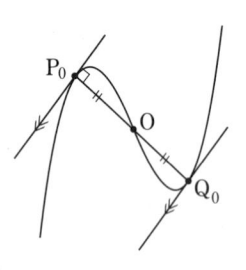

$$\therefore \ (x_0{}^2-2)\left(\frac{1}{3}x_0{}^2-2\right)=-1 \qquad \therefore \ x_0{}^4-8x_0{}^2+15=0$$

$$\therefore \ (x_0{}^2-3)(x_0{}^2-5)=0 \qquad \therefore \ x_0=\pm\sqrt{3}, \ \pm\sqrt{5}$$

$x_1=x_0+1$ だから, $\boldsymbol{x_1=1\pm\sqrt{3}, \ 1\pm\sqrt{5}}$

2. 極小値と $f(0)$ が等しいので最小の方は簡単ですが,最大は極大値か $f(1)$ かで場合が分かれます.x がどんなときに極大値と同じ値をとるかを例題 5 の直前のグラフとともに押さえておきましょう.

解 $f(x)=x^3-6ax^2+9a^2x+b$

$f'(x)=3(x^2-4ax+3a^2)=3(x-a)(x-3a)$

より,$f(x)$ の極小値は $f(3a)=b$

また,$f(0)=b$ だから,$x=3a$ が $0\leqq x\leqq 1$ にあるかどうかによらず,$0\leqq x\leqq 1$ における $f(x)$ の最小値は b

 よって,$\boldsymbol{b=0}$

 このとき,$f(x)=x^3-6ax^2+9a^2x$,

$f(a)=4a^3$,$f(4a)=4a^3$

よって右図のようになる.

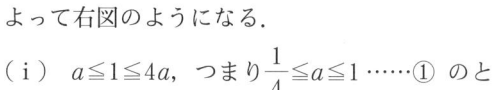

(ⅰ) $a\leqq 1\leqq 4a$,つまり $\dfrac{1}{4}\leqq a\leqq 1$ ……① のとき,$0\leqq x\leqq 1$ における $f(x)$ の最大値は $f(a)=4a^3$

よって $4a^3=\dfrac{1}{2}$ より $a=\dfrac{1}{2}$(これは①を満たす)

(ⅱ) "$1\leqq a$ または $4a\leqq 1$" つまり "$0<a\leqq\dfrac{1}{4}$ または $a\geqq 1$" ……② のとき,

$0\leqq x\leqq 1$ での $f(x)$ の最大値は $f(1)=9a^2-6a+1=(3a-1)^2$

$(3a-1)^2=\dfrac{1}{2}$ より $3a-1=\pm\dfrac{1}{\sqrt{2}}$ $\therefore \ a=\dfrac{2\pm\sqrt{2}}{6}$

このうち②を満たすのは,$a=\dfrac{2-\sqrt{2}}{6}$

 以上から,$\boldsymbol{a=\dfrac{1}{2}, \ \dfrac{2-\sqrt{2}}{6}}$

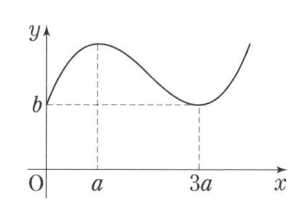

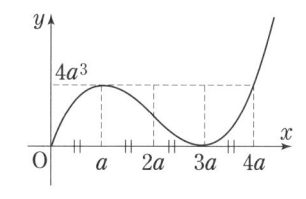

3. 3次関数のグラフと放物線が接する場合（下図）も，これらの差の式は 3次関数のグラフとその接線との差の式と同様に $(x-\alpha)^2(x-\beta)$ で割り切れます．本問の場合，S を表す際，$f(x)$ の係数 a, b, c ではなく，P, Q の x 座標 α, β および $g(x)-f(x)$ を主役にしましょう．これを利用して $f(x)$ も α, β で表すことができます．

また，積の微分法の公式（☞p.146 の 2°）を使います．

解 P, Q の x 座標をそれぞれ α, β とおくと，2曲線は P で接し，Q で交わり，$g(x)$ の x^3 の係数が1であることに注意すると，

$$g(x)-f(x)=(x-\alpha)^2(x-\beta) \quad \cdots\cdots ①$$

と表せる．このとき，S は

$$\left|\int_\alpha^\beta \{g(x)-f(x)\}\,dx\right| = \left|\int_\alpha^\beta (x-\alpha)^2(x-\beta)\,dx\right|$$

$$= \left|\int_\alpha^\beta (x-\alpha)^2\{(x-\alpha)-(\beta-\alpha)\}\,dx\right|$$

$$= \left|\int_\alpha^\beta \{(x-\alpha)^3-(\beta-\alpha)(x-\alpha)^2\}\,dx\right|$$

$$= \left|\left[\frac{(x-\alpha)^4}{4}-(\beta-\alpha)\cdot\frac{(x-\alpha)^3}{3}\right]_\alpha^\beta\right| = \frac{(\beta-\alpha)^4}{12}$$

Q での2曲線の接線が直交するから，$f'(\beta)g'(\beta)=-1$
$g'(\beta)=3\beta^2$ であり，①より，$f(x)=g(x)-(x-\alpha)^2(x-\beta)$ であるから，

$$f'(x)=g'(x)-\{2(x-\alpha)(x-\beta)+(x-\alpha)^2\cdot 1\}$$

∴ $f'(\beta)=g'(\beta)-(\beta-\alpha)^2=3\beta^2-(\beta-\alpha)^2$

よって $\{3\beta^2-(\beta-\alpha)^2\}\cdot 3\beta^2=-1$ だから，

$$(\beta-\alpha)^2=3\beta^2+\frac{1}{3\beta^2}$$

相加平均≧相乗平均より $3\beta^2+\dfrac{1}{3\beta^2}\geq 2\sqrt{3\beta^2\cdot\dfrac{1}{3\beta^2}}=2$

等号は $3\beta^2=\dfrac{1}{3\beta^2}$ つまり $\beta=\pm\dfrac{1}{\sqrt{3}}$ のとき成り立つから $(\beta-\alpha)^2$ の最小値は2で，S の最小値は $\dfrac{2^2}{12}=\dfrac{1}{3}$

11 グラフの組み換え

1．（2） $f'(x)=g(x)$ なので，$g(t)$ のグラフから $f(x)$ の増減はわかります．

（4） 直線 PQ を"引いて"グラフを組み換えると例題 3 と同様に対称性が使えます．また，本問では，放物線と直線で囲まれる部分の面積の公式（以下の◇）を活用することができます．この公式を導いておきましょう．右図のようになっているとき，$(mx+n)-(ax^2+bx+c)=0$ は $x=\alpha, \beta$ を解に持つので，

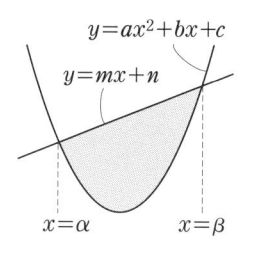

$$(mx+n)-(ax^2+bx+c)=-a(x-\alpha)(x-\beta) \quad \cdots\cdots\cdots\cdots \text{☆}$$

と因数分解されます．$(x-\alpha)(x-\beta)=(x-\alpha)\{(x-\alpha)-(\beta-\alpha)\}$ に注意し，右上図の網目部の面積 S を計算すると，

$$S=\left|\int_\alpha^\beta \text{☆}\,dx\right|=\left|\int_\alpha^\beta a(x-\alpha)(x-\beta)\,dx\right|$$

$$=\left|a\int_\alpha^\beta \{(x-\alpha)^2-(\beta-\alpha)(x-\alpha)\}\,dx\right|$$

$$=\left|a\left[\frac{1}{3}(x-\alpha)^3-\frac{1}{2}(\beta-\alpha)(x-\alpha)^2\right]_\alpha^\beta\right|=\frac{|\boldsymbol{a}|}{6}(\boldsymbol{\beta}-\boldsymbol{\alpha})^3 \quad (\alpha<\beta) \quad \cdots \diamondsuit$$

となります．

解　（1） $g(t)=|t^2-2t-3|+t-3$
$\qquad\qquad =|(t+1)(t-3)|+t-3$

$t\leqq -1,\ t\geqq 3$ のとき，

$\quad g(t)=(t^2-2t-3)+t-3$
$\qquad\quad =t^2-t-6=(t-3)(t+2)$

$-1\leqq t\leqq 3$ のとき，

$\quad g(t)=-(t^2-2t-3)+t-3$
$\qquad\quad =3t-t^2=-\left(t-\frac{3}{2}\right)^2+\frac{9}{4}$

$y=g(t)$ のグラフは右図太線のようになり，

$-2\leqq t\leqq 3$ での**最大値**は $\dfrac{9}{4}$，**最小値**は -4

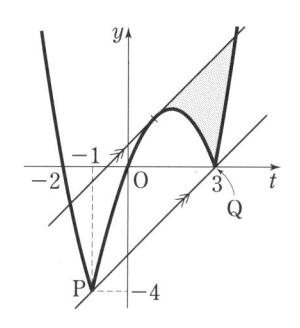

（2） $f(x)=\int_{-2}^{x}g(t)\,dt$ より，$f'(x)=g(x)$

これと前頁の図より，右の増減表を得る。
よって，$-2\leq x\leq 3$ において，最小になるのは $x=0$ のときで，最小値は，

x	-2		0		3
$f'(x)$	0	$-$	0	$+$	0
$f(x)$		↘		↗	

$$f(0)=\int_{-2}^{-1}g(t)\,dt+\int_{-1}^{0}g(t)\,dt$$

$$=\int_{-2}^{-1}(t^2-t-6)\,dt+\int_{-1}^{0}(3t-t^2)\,dt$$

$$=\left[\frac{t^3}{3}-\frac{t^2}{2}-6t\right]_{-2}^{-1}+\left[\frac{3}{2}t^2-\frac{t^3}{3}\right]_{-1}^{0}$$

$$=-\frac{1}{3}-\frac{1}{2}+6-\left(-\frac{8}{3}-2+12\right)-\left(\frac{3}{2}+\frac{1}{3}\right)=\boldsymbol{-4}$$

（3） 前頁の図より，直線 PQ は $y=t-3$ ……………………①
$-1<t<3$ のとき，$g(t)=3t-t^2$
　$g'(t)=3-2t=1$ とすると $t=1$
よって接点は $(1,\ 2)$ で，接線は $\boldsymbol{y=t+1}$ ……………………②

（4） ①を $l(t)$，②を $m(t)$ とし，
　　$a(t)=m(t)-l(t)\,(=4)$
　　$b(t)=g(t)-l(t)$
とおく．$y=m(t)$ と $y=g(t)$ で囲まれた部分の右側（前図の網目部）の面積は，$y=a(t)$ と $y=b(t)$ で囲まれた部分の右側（右図の斜線部）の面積に等しい．

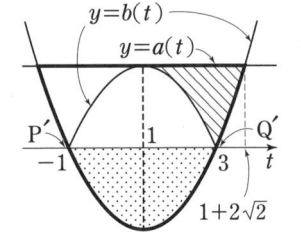

　$y=a(t)$ と $y=b(t)$ の接点以外の交点の t 座標は，$t\leq-1,\ t\geq 3$ のときで，
　$m(t)=g(t)$，つまり $t+1=t^2-t-6$
により，$t^2-2t-7=0$　∴　$t=1\pm 2\sqrt{2}$

　対称性から，斜線部の面積は，

$$（太線部-2\times打点部）\div 2=\left\{\frac{(4\sqrt{2})^3}{6}-2\cdot\frac{4^3}{6}\right\}\cdot\frac{1}{2}$$

$$=\frac{32}{3}(\sqrt{2}-1)$$

2. グラフを組み換えると，前章の例題3と同様に，3次関数のグラフの対称性が活用できます．

解 $(x^3-a^2x)-(x^2-bx)=f(x)$
とおくと，題意の2曲線で囲まれた2つの図形の面積は，曲線 $y=f(x)$ と x 軸で囲まれた右図の網目部と打点部の面積 S_1, S_2 に等しい．$y=f(x)$ のグラフの変曲点をPとすると，このグラフはPに関して対称であるから，$S_1=S_2$ となるのは，Pが x 軸上にあるとき．

ここで，$f(x)=x^3-x^2+(b-a^2)x$
$f'(x)=3x^2-2x+b-a^2$
$f''(x)=6x-2$

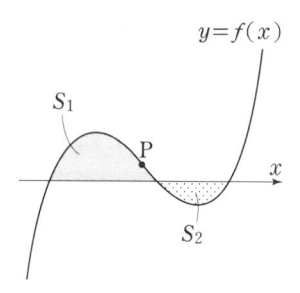

により，Pの x 座標は $\dfrac{1}{3}$ であるから，y 座標は，$f\left(\dfrac{1}{3}\right)=\dfrac{1}{3}(b-a^2)-\dfrac{2}{27}$

これが0であるから，$b=a^2+\dfrac{2}{9}$ であり，これを図示すると右図太線のようになる．

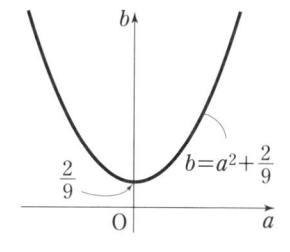

補足コーナー

多項式で表された関数の微積分

多項式で表された関数については，
$$f(x)=x^n \text{ のとき，} f'(x)=nx^{n-1}$$
を使えば，どんなものでも微分できるし，
$$\int x^n dx = \frac{1}{n+1}x^{n+1}+C \quad (C \text{ は積分定数，以下同様})$$
を使えば積分計算ができます．しかし，例えば
$$f(x)=(x-2)^3(x+3)^2 \quad \cdots\cdots\cdots\cdots\cdots\cdots ☆$$
を展開して微分し，それを再び因数分解するのは面倒です．

そこで，数Ⅲで学ぶことですが，次の1°，2°，3°の公式は是非使えるようにしておきましょう．

1° $f(x)=(x+b)^n$ （n は自然数）のとき，$f'(x)=n(x+b)^{n-1}$

なお，$f(x)=(ax+b)^n$ ならば，$f'(x)=an(ax+b)^{n-1}$ となる．

⇨ **注** 数Ⅲで学ぶ公式 $\{f(g(x))\}'=f'(g(x))g'(x)$ ［合成関数の微分法］
において，$f(x)=x^n$, $g(x)=ax+b$ とおくと，$(ax+b)^n=f(g(x))$
であるから，$\{(ax+b)^n\}'=\{f(g(x))\}'=f'(g(x))g'(x)$
$= n(g(x))^{n-1}g'(x)=n(ax+b)^{n-1}\cdot a$

2° $\{f(x)g(x)\}'=f'(x)g(x)+f(x)g'(x)$ ［積の微分法］

1°と2°を使うと，☆の導関数は，
$$f'(x)=\{(x-2)^3\}'(x+3)^2+(x-2)^3\{(x+3)^2\}'$$
$$=3(x-2)^2\cdot(x+3)^2+(x-2)^3\cdot 2(x+3)$$
のように，一挙に微分できます．微分した結果は因数分解した形で用いることが多いですが，上の結果は因数分解直前の形で得られるメリットもあります．（因数分解すると，$f'(x)=5(x-2)^2(x+3)(x+1)$ となる）

積分においては，1°の積分版

3° $\int (x+b)^n dx = \frac{1}{n+1}(x+b)^{n+1}+C$ （n は負でない整数）

なお，$\int (ax+b)^n dx = \frac{1}{a(n+1)}(ax+b)^{n+1}+C$

を押さえておきましょう．

さて，p.99 で 2 曲線が接する条件について述べました．それについて補足しておきます．

――**2 曲線が接する条件**――
2 曲線 $y=f(x)$，$y=g(x)$（一方が直線でもよい）が $x=\alpha$ に対応する点で接するとは，$x=\alpha$ の点 P を共有し，この共有点で共通の接線をもつことである．したがって，この条件は，点 P を共有し，P における接線の傾きが等しいこと，つまり，次が成り立つことと同値である．
$$f(\alpha)=g(\alpha) \text{ かつ } f'(\alpha)=g'(\alpha)$$

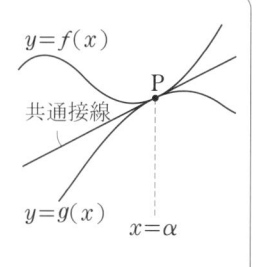

$h(x)=f(x)-g(x)$ とおくと，上の条件は，
$$h(\alpha)=0 \text{ かつ } h'(\alpha)=0 \quad \cdots\cdots①$$
と書くことができます（つまり，$y=h(x)$ は $x=\alpha$ で x 軸に接する）．
とくに，$f(x)$，$g(x)$ が**多項式で表されるとき**は，
$$h(x)(=f(x)-g(x)) \text{ が } (x-\alpha)^2 \text{ で割り切れる} \quad \cdots\cdots②$$
と同値です．さらに，②は，
$$\text{方程式 } h(x)=0 \text{ が } x=\alpha \text{ を重解にもつ}$$
と同値です．**多項式で表される関数については，"接する $\iff$ 重解をもつ"** ということです．2 次関数のグラフ（放物線）と直線が接する条件は，重解条件でとらえられますが，多項式で表される関数についても同様なわけです．

さて，多項式 $h(x)$ について，① $\iff$ ②，つまり，$h(x)$ が $(x-\alpha)^2$ で割り切れるための必要十分条件は $h(\alpha)=0$ かつ $h'(\alpha)=0$ であることを証明しておきましょう．

【**証明**】 $h(x)$ を $(x-\alpha)^2$ で割ったときの商を $Q(x)$，余りを $rx+s$ とすると，
$$h(x)=(x-\alpha)^2 Q(x)+rx+s \quad \cdots\cdots③$$
と表せる．左の 1°，2° を用いて微分すると，
$$h'(x)=2(x-\alpha)Q(x)+(x-\alpha)^2 Q'(x)+r \quad \cdots\cdots④$$
③，④で $x=\alpha$ とおくと，$h(\alpha)=r\alpha+s$，$h'(\alpha)=r$．
よって，$r=h'(\alpha)$，$s=h(\alpha)-\alpha h'(\alpha)$ であり，余り $rx+s$ は，
$$h'(\alpha)(x-\alpha)+h(\alpha)$$
である．この余りが 0 になる条件は，$h(\alpha)=0$ かつ $h'(\alpha)=0$

あとがき

　ぼくは飛行機の離陸する瞬間が好きです．

　滑走路の端に着くと，まるで呼吸を整えるかのように機体が一瞬ピタリと止まる．ぼくも緊張を呑みこむ．電子サイン音が鳴り，離陸のアナウンスが流れる．ジェットエンジンの回転音がオクターブ高くなると，なぜだかぼくは胸がキュンとなる．機体が地面から離れたときの浮遊感．緊張の糸が少したるんで，体から力が抜けていく．空港ビルが，アクセスしてきた道路が，家々が，みるみるうちに小さくなっていく．そして，街全体が見えてくる．その瞬間，ぼくの胸には熱いものがこみ上げてくる．世界を掌握しているという実感．至高のパースペクティブ．

　数学の学習をしているときにも，飛行機の離陸のときに感じるような恍惚の瞬間があります．少し高い視点を持って問題群を眺めることで，問題の本質が浮き彫りになるときです．

　そんな気持ちを数学の学習においても味わって欲しいと考えて，08年4月号より雑誌「大学への数学」で「テイクオフ講義」という連載を始めました．この本の講義部分は，そのときの連載記事がもとになっています．今回，その中から特に重要と思われるものを厳選し加筆しました．

　練習問題は，「大学への数学」に掲載された問題から，テーマに合うものを選びました．解答は，掲載時のものを下地にして，この本の解法に添うようにリライトしてあります．この箇所の編集部坪田が担当してくれました．また，編集部飯島には連載時から有益な意見をもらい，今回は特に緻密な校正をしてもらいました．ありがとう．

　モノゴトの本質を見極めようとする姿勢は，いつでもどこでも重要です．この本を読んだ人は，本質を見極めてから問題に当たると，いかに速く楽に問題を解決に至らしめることができるかが，身に染みて分かったことでしょう．折角ですから，数学の問題以外にも，この姿勢を貫いて欲しいと思います．まあ，現実問題の場合は，本質を見極めた後で本質的な解決ができるとは限りませんが…．それでも，モノゴトの本質を根底からわかったと思える瞬間がたくさんあることは，あなたの人生を豊かにしてくれることでしょう．

　あなたは今まさに，数学の大空に羽ばたこうと滑走路の端にスタンバイしています．

　「当機は，ただ今から，離陸いたします．座席の背もたれを元の位置に戻し，シートベルトをしっかりとお締めください．予定では，4月初旬に志望大学付近の空港に到着いたします．現地の天候は晴れ，気温は12度．キャンパスには桜の花が咲き乱れていることでしょう．」

(石井)

大学への数学　ちょっと差がつくうまい解法

平成24年5月21日　第1版第1刷発行	定価はカバーに表示してあります．
令和2年6月20日　第1版第4刷発行	

　編　者　　東京出版編集部
　発行者　　黒木美左雄
　発行所　　株式会社　東京出版
　　　　　〒150-0012　東京都渋谷区広尾3-12-7
　　　　　電話 03-3407-3387　　振替 00160-7-5286
　　　　　https://www.tokyo-s.jp/
　整版所　　錦美堂整版株式会社
　印刷所　　株式会社光陽メディア
　製本所　　株式会社技秀堂製本部

　　　　落丁・乱丁本がございましたら，送料小社負担にてお取替えいたします．

©Tokyo shuppan 2012 Printed in Japan　　　　　　ISBN978-4-88742-180-6